PostgreSQL
认证与实践（PCA）

PostgreSQL培训中心（PGCCC）◎ 主编

清华大学出版社
北 京

内 容 简 介

本书是 PostgreSQL 认证专员（PCA）教材。本书是由 PostgreSQL 培训中心（PostgreSQL Competence Cultivation Center，PGCCC）发起和主导，并联合业内十几位资深数据库专家共同编写的 PostgreSQL 认证教材。本书内容涵盖 PostgreSQL 的历史、体系结构、安装、基本操作、数据类型、SQL 入门、数据库对象管理、数据导出与导入等内容，为读者的学习和实践提供全方位指导。

本书适合广大数据库学习者自学，尤其适合转型的开发人员、运维工程师和数据库专业的学生学习。

图书在版编目（CIP）数据

PostgreSQL 认证与实践 . PCA / PostgreSQL 培训中心（PGCCC）主编 .

北京 : 清华大学出版社 , 2025. 7. -- ISBN 978-7-302-69723-7

Ⅰ . TP311.132.3

中国国家版本馆 CIP 数据核字第 2025GF2298 号

责任编辑：杨如林
封面设计：杨玉兰
版式设计：方加青
责任校对：胡伟民
责任印制：刘 菲

出版发行：清华大学出版社
       网 址：https://www.tup.com.cn，https://www.wqxuetang.com
       地 址：北京清华大学学研大厦 A 座   **邮 编**：100084
       社 总 机：010-83470000   **邮 购**：010-62786544
       投稿与读者服务：010-62776969，c-service@tup.tsinghua.edu.cn
       质 量 反 馈：010-62772015，zhiliang@tup.tsinghua.edu.cn
印 装 者：三河市铭诚印务有限公司
经 销：全国新华书店
开 本：185mm×260mm   **印 张**：11.5   **插 页**：2   **字 数**：295 千字
版 次：2025 年 9 月第 1 版   **印 次**：2025 年 9 月第 1 次印刷
定 价：59.00 元

产品编号：099047-01

赵振平

PostgreSQL 中文社区第三届主席、计算机畅销书作家、数据库专家、贵州省省管专家、太阳塔科技 CTO、国家首批大数据高级职称、腾讯最具价值专家（TVP）、华为最具价值专家（MVP）、电子工业出版社签约作家，出版了技术专著《Oracle 数据库精讲与疑难解析》《成功之路：Oracle 11g 学习笔记》《IT 架构实录》。

徐戟

网名白鳝，从事数据库领域工作近 30 年，主要研究领域为系统优化、数据库国产化替代等。近 20 年来参与了数百个数据库优化项目。

林春

曾任 Oracle WDP OCM 讲师、DB2China 性能调优版版主；PG 社区金牌讲师；曾就职于某大行，目前在某头部金融企业负责数据库数字化转型工作，主导核心系统国产化分布式数据库改造上线。

李海龙

去哪儿网 PostgreSQL 总监、PCM 认证大师、中国 PostgreSQL MVP、中国 PostgreSQL ACE、PostgreSQL 中文社区委员。

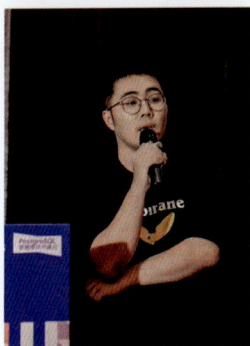

熊灿灿

PostgreSQL ACE/MVP、PostgreSQL 学徒公众号作者，精通 PostgreSQL 体系架构与运行原理。

权宗亮

PostgreSQL 国际社区贡献者、PCM 认证大师、中国 PostgreSQL MVP、中国 PostgreSQL ACE。耕耘数据库内核 20 年，中国最早的数据库内核研究者。

袁远松

现任平安科技 RASESQL 数据库研发经理，曾就职于金仓和华为 GaussDB DWS 数据库团队，从事 PostgreSQL 内核开发 8 年以上。

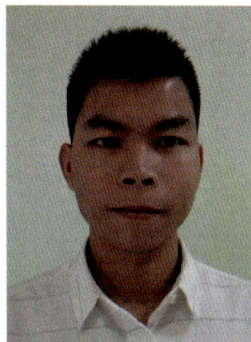

卢洪棚

数据库技术爱好者，曾就职平安科技数据库团队，负责 RASESQL 数据库内核开发工作。

韩丹

现任中国邮政储蓄银行软件研发中心项目经理，曾任 Oracle DBA、DevOps SM，获得 OCP、PMP、ACP、NPDP 证书。积极参与 PostgreSQL 社区活动，探究数据库核心技术，践行数字化转型。

王雪

毕业于西安电子科技大学电子通信工程专业，目前就职于中国邮政储蓄银行软件研发中心数据开发岗，在职期间荣获 2022 年中国邮政储蓄银行总行信息科技青年人才（数据架构方向），深挖数据库内核，先后在 2021 年 PG 亚洲中文社区大会、2022 年中国系统架构师大会进行远程分享，拥有 PMP、信息系统项目管理中级、银行从业、数据库初级等证书。

杨栋

PostgreSQL 爱好者，拥有近 10 年 PostgreSQL 相关工作经验，擅长数据库维护以及高可用方案。

邓彪

从事 PostgreSQL 数据库运维 10 余年，精通 PostgreSQL 体系架构与运行原理，专注于数据库国产化替代。

王向华

王向华博士是数据库领域的资深内核专家，拥有超过 20 年的丰富经验。他的专业领域涵盖 PostgreSQL 数据库，他在数据库性能调优以及故障恢复等方面取得了卓越成就。他不仅精通理论，更在长期的实践中积累了深厚的经验，培养出独到的洞察力和解决问题的能力。

刘金龙

PCM 认证大师，深入研究数据库架构与性能优化。擅长解决容灾、备份和安全问题，并把相关解决方案产品化。

方白玉

毕业于东华大学（211），擅长数据库运维与数据分析。

前言

随着 PostgreSQL 逐渐成为一款成熟稳定、功能丰富的数据库系统，其在国内外的使用率逐年攀升，越来越多的企业和机构开始选择 PostgreSQL 作为其核心数据库系统，以降低成本并提高安全性和可控性。

同时，在数据库国产化战略的大背景下，PostgreSQL 作为一款开源数据库，其高可靠、高性能的特点与我国信息技术创新的方向相契合，被视为国家数据库产业的重要基石。PostgreSQL 的开源模式与我国倡导的自主创新理念相得益彰，为我国信息技术领域的蓬勃发展提供了坚实的技术支撑，也扮演着重要角色。

为了推广 PostgreSQL 并培养相关人才，PostgreSQL 培训中心（PostgreSQL Competence Cultivation Center，PGCCC）构建了中国 PostgreSQL 认证体系。通过 PostgreSQL 认证考试，个人可以验证自己的技术水平，并获得相关的资质证书。这些认证证书具有国内和国际认可度。认证体系的建立不仅有助于标准化和规范化 PostgreSQL 技术人才的培养，也为企业和组织提供了可信赖的技术人才选拔标准。

为帮助读者掌握 PostgreSQL，本书将深入介绍 PostgreSQL 数据库系统的基础概念、高级功能、性能优化、安全加固等内容。读者通过系统学习，将掌握 PostgreSQL 的核心知识和技能，为通过 PostgreSQL 认证考试做好准备。

在本书的编写过程中，人工智能领域迎来了以 DeepSeek、OpenAI 等为代表的大模型技术突破。这股技术浪潮迅速渗透至数据库运维领域，推动行业从依赖人工经验向 AI 自治演进，并已催生出像"LNXDB-OPS AI 数据库故障诊断平台"这样的实践产物，标志着智能运维（AIOps）正式从概念走向落地。

为了便于读者更好地使用本书，读者可扫描下方的二维码获取资源，其中包括书中涉及的各类软件和工具的下载地址以及作者的联系方式。

相关资源

　　本书由国内多位PostgreSQL专家联合编写，作者团队成员具有丰富的PostgreSQL实战经验和教学经验，保证了内容的权威性和实用性。

　　本书由PostgreSQL培训中心主编，由何秉卫校订，参与编写者包括赵振平、徐戟、林春、李海龙、熊灿灿、权宗亮、袁远松、卢洪棚、韩丹、王雪、杨栋、邓彪、王向华、刘金龙、张干、方白玉。

编者

2025 年 5 月

中国PostgreSQL认证体系

中国 PostgreSQL 认证体系是在甲骨文（Oracle）认证体系发生"崩塌"后，国内又缺少权威的数据库认证体系的情况下，为了推动中国数据库技术的发展，特别是国产数据库技术的普及和应用，由 PGCCC 参与了认证标准的编写，并协助相关部门设立了一套认证体系。该认证体系旨在通过权威、公正、全面的评估，确保数据库从业者在数据库领域具备相应的专业知识和技能。

一、认证分级

中国 PostgreSQL 认证体系分为三个等级：PCA 认证专员、PCP 认证专家、PCM 认证大师。旨在帮助学员逐步提升其 PostgreSQL 技能，并获得相应的认可和资格。

1. PostgreSQL Certified Associate（PCA认证专员）

概述：PCA 认证专员是 PostgreSQL 认证体系中的入门级别，旨在确认学员具备基本的 PostgreSQL 知识和技能。

要求：

- 熟悉PostgreSQL数据库的基本概念、架构和组件。
- 掌握数据库的安装方法。
- 能够执行基本的数据库管理任务，如创建、删除、修改数据库和表等。
- 熟练运用 SQL 语言进行数据的增、删、改、查等操作，以及了解其他常用的数据管理技术。
- 理解数据库安全性和权限管理的基本原则。

考试内容：涵盖 PostgreSQL 的基本概念、SQL 查询、数据库管理和安全性等方面的知识。

2. PostgreSQL Certified Professional（PCP认证专家）

概述：PCP 认证专家是 PostgreSQL 认证体系中的中级级别，旨在确认学员具备更丰富的 PostgreSQL 知识和技能，能够在复杂环境中管理和优化数据库。PCP 认证专家在市场上极为紧缺，要求具备扎实的理论基础和卓越的动手能力。获得 PCP 认证专家资格的学员能够进入企业的生产系统完成运维工作。

要求：

- 具备PCA级别的知识和技能。

- 能够设计和优化复杂的数据库结构和查询。
- 熟悉高可用性、容灾和性能优化方面的最佳实践。
- 具备在生产环境中进行故障排除和性能调优的能力。

考试内容：涵盖数据库设计、性能优化、高可用性和故障排除等方面的深入知识。

3. PostgreSQL Certified Master（PCM认证大师）

概述：PCM认证大师是PostgreSQL认证体系中的最高级别，旨在确认学员在PostgreSQL领域具有卓越的技能和专业知识，是对数据库从业人员的技术、知识和操作技能最高级别的评定。PCM认证大师需要解决最复杂的技术难题和系统故障。在全球范围内，通过PCM认证大师考试的人员稀缺。拥有3年PostgreSQL实战经验的工程师，其薪酬已经达到了在Oracle工作8年的工程师水平。

要求：

- 具备PCP级别的知识和技能。
- 能够设计和实施复杂的数据库架构和解决方案。
- 精通PostgreSQL的内部工作原理，能够进行深入的性能优化和调整。
- 具备领导团队和指导其他数据库专业人员的能力。

考试内容：涵盖高级数据库架构设计、内部工作原理、领导能力和专业实践等方面的深入知识。

这3个级别的认证提供了一条完整的路径，让学员在PostgreSQL领域不断精进和成长，获得从基础的技能到高级的专业知识和领导能力的提升。

二、认证途径

要获得PostgreSQL Certified Associate（PCA认证专员）资格需要参加培训机构的培训并通过考试。

要获得PostgreSQL Certified Professional（PCP认证专家）资格必须参加培训机构的培训，然后方可申请考试，考试包括笔试和上机实验两部分。

要获得PostgreSQL Certified Master（PCM认证大师）资格需要通过以下步骤：

（1）必须获得PCP认证；

（2）必须参加培训机构的培训；

（3）笔试；

（4）上机实验；

（5）认证委员会面试。

目录

第 1 章
PostgreSQL 的历史与演进

在 20 世纪 50 年代中期以前，计算机主要用于科学计算，那时没有操作系统，没有数据管理软件，数据处理方式为批处理，数据不共享，这一阶段被称为人工管理阶段。20 世纪 50 年代后期—60 年代中期，随着计算机硬件的发展，操作系统中已经有了文件系统，实现了联机实时处理系统，数据可以长期保存，然而共享性与独立性差，存在大量冗余，这一阶段被称为文件系统阶段。数据库系统的研究和开发是从 20 世纪 60 年代中期开始至今，随着计算机应用越来越广，数据量增加，多应用、多语言对于数据共享需求越来越强，因此出现了统一管理数据的数据库管理系统（Database Management System，DBMS）。数据模型是数据库系统的核心和基础，1968 年美国 IBM 公司推出基于层次模型（Hierarchical Model）的信息管理系统（Information Management System，IMS）；1969 年美国数据系统语言协会（Conference on Data System Language，CODASYL）组织颁布了数据库任务组（DataBase Task Group，DBTG）报告，提出了网状模型（Network Model）；1970 年美国 IBM 公司的 E.F.Codd 博士发表了一篇名为 *A Relational Model of Data for Large Shared Data Banks*（《大型共享数据库数据的关系模型》）的论文，提出了关系模型（Relational Model）的概念，奠定了关系数据库（Relational Database）的理论基础。1976 年 IBM 的 E.F.Codd 博士发表了论文《R 系统：数据库关系理论》，介绍了关系数据库理论和查询语言 SQL。随后，Oracle 的创始人 Larry Ellison 基于该论文，开发了商用软件系统 Oracle 1.0。

PostgreSQL 是对象 - 关系型数据库管理系统（Object-Relational Database Management System，ORDBMS），它支持关系数据库的各类功能，同时具备类、继承等对象数据库的特征，支持丰富的数据类型和自定义类型，适用于复杂应用场景。它是功能强大、特性丰富而且结构复杂的开源数据库。PostgreSQL 起源于美国加州大学伯克利分校的数据库研究 Ingres 计划，如今已经演进成国际先进开发项目，作为全球范围内比较流行且先进的开源数据库，其应用领域广泛、用户群庞大，它的发展见证了数据库理论和技术的发展。

1.1 PostgreSQL 的前身 Ingres

PostgreSQL 的前身是在 1977 年由著名数据库科学家迈克尔·斯通布雷克（Michael Stonebraker）教授（1992 年提出对象–关系数据库模型，并把 Postgres 放在了 BSD 版权的保护下）领导开发的 Ingres。在 1982 年，Michael Stonebraker 离开加州大学伯克利分校，成立了 Ingres 公司，将 Ingres 商业化，使其成为最早成功打入商业市场的关系型数据库系统产品之一。Ingres 公司后被 Computer Associates 公司并购。

1.2 Postgres 项目

在 1985 年，Michael Stonebraker 回到加州大学伯克利分校，为解决 Ingres 中数据关系维护等问题，启动了 Post-Ingres 项目，从此开启了 Postgres 时代。Postgres 是一个科研项目，始于 1986 年，在同一年 Michael Stonebraker 发表系列论文探索数据模型、规则系统、结构和扩展设计等。此后，Postgres 经历了几次主要的更新。

该项目在 1987 年发布了第一个"演示性"可用系统，随后在 1988 年的数据库管理国际会议 ACM-SIGMOD 上展出；在 1989 年 6 月发布了版本 1 并分发给一些外部的用户使用；为了回应用户对第一个规则系统的批评，规则系统被重新设计了，并在 1990 年 6 月发布了使用新规则系统的版本 2；版本 3 在 1991 年出现，增加了多存储管理器的支持，并且改进了查询执行器，重写了规则系统；直到 Postgres95 发布前，它的后续版本大多把工作集中在移植性和可靠性上。当时，Postgres 已经被用于实现很多不同的研究和生产应用，还被许多大学用于教学。在 1992 年末 Postgres 成为 Sequoia 2000 科学计算项目的主要数据管理器。

1993 年，随着 Postgres 的外部用户社区数量增加，问题反馈日益增多，用于源代码维护的时间增加，并占用了太多数据库研究的时间，为了减轻运维负担，Postgres 项目在发布到版本 4.2 时正式终止。

1.3　Postgres95

在 1994 年，加州大学伯克利分校的研究生 Andrew Yu 和 Jolly Chen 在 Postgres 中增加了支持 SQL 语言的解释器，随后用新名字 Postgres95 将源代码发布到互联网上供大家使用，成为最初 Postgres 项目代码的开源继承者。

Postgres95 的源代码完全是用 ANSI C 编写的，代码量减少了 25%；许多内部修改提高了性能和可维护性；原来的查询语言 PostQUEL 被 SQL 取代（在服务器端实现）；在 PostgreSQL 之前还不支持的子查询，在 Postgres95 中由用户定义的 SQL 函数模拟；聚集函数被重新实现，同时还增加了对 GROUP BY 查询子句的支持。同时，新增利用 GNU 的 Readline 进行交互 SQL 查询的程序（psql），用 GNU 的 make（取代了 BSD 的 make）来编译。Postgres95 可以使用不打补丁的 GCC 编译。Postgres95 的开发重点放在标识和理解后端代码的现有问题上。

1.4　PostgreSQL 6.X

到 1996 年，Postgres95 这个名字过时了，PostgreSQL 应运而生，反映了最初的 Postgres 和最新的具有 SQL 能力的版本之间的关系，同时版本号也从 6.0 开始，重新采用最初由伯克利 Postgres 项目开始的编号。

PostgreSQL 的开发重点在有争议的特性和功能上面，同时各方面工作都同步进行。1997 年 1 月底，PostgreSQL 6.0 版发布，之后在近 3 年的时间里，发布了 15 个版本，于 1999 年 10 月，版本升级至 6.5.3。

1.5　PostgreSQL 7.X

2000 年 5 月 PostgreSQL 7.0 版发布，该版本相比之前的版本进行了大量的改进和修复，实现了外键、升级 psql、优化器检修、支持 SQL92 连接（join）语法。在 2001 年 4 月发布的 PostgreSQL 7.1 版中，增加了预写式日志，提供了更好的性能，还可以实现备份和灾备；TOAST 任意长度的行都可以高性能存储；支持 UNION/NOT IN 外连接，并且支持复杂查询。2003 年 11 月发布的 PostgreSQL 7.4 版，提升了 IN/NOT IN 子查询效率，通过使用哈希桶提高 GROUP BY 处理效率，新增多键哈希连接能力等。自此以后，直至 2010 年 10 月发布 PostgreSQL 7.X 系列的最后一个版本 7.4.30，在这近 10 年中，该系列发布了 5 个大版本，近 70 个小版本。

1.6　PostgreSQL 8.X

2005 年 1 月 PostgreSQL 8.0 版发布，它是第一个在 Microsoft Windows 上运行的 PostgreSQL 版本。该版本增加了检查点、时间点恢复、表空间、改进缓冲区管理、VACUUM、更改字段类型、COPY 支持逗号分隔的值（CSV）等功能。此外，新增 Perl 服务端语言。直到 2014 年 7 月 PostgreSQL 8.4.22 版发布，PostgreSQL 8.X 系列发布了总计 5 个大版本，近 120 个小版本。

1.7　PostgreSQL 9.X

PostgreSQL 9.X 是 PostgreSQL 的黄金发展阶段。2010 年 9 月 PostgreSQL 9.0 版发布，增强了复制功能。从 9.0 版开始，使用者可以搭建主备数据库集群，并且提供大版本升级命令工具 pg_upgrade，进而方便从低版本到高版本升级数据库。2011 年 9 月发布的 PostgreSQL 9.1 版中，增加了同步复制、支持外部表、提供外部模块框架功能，方便使用者创建外部扩展模块来扩展 PostgreSQL 数据库功能，提供不记录预写式日志功能，在特殊场合下提高了数据库性能。2012 年 9 月发布的

PostgreSQL 9.2 版，允许查询从索引中检索数据，避免堆访问；提高规划器使用嵌套循环内部索引扫描能力；允许 pg_basebackup 执行来备用服务器的基础备份；添加了 SP-GiST 索引访问方法以及 JSON 数据类型。2016 年 9 月发布的 PostgreSQL 9.6 版，增加了并行计算、全表扫描、JOIN 查询、聚合操作功能，可以利用多 CPU 进行并行计算；流复制中允许有多个同步数据库。

1.8　PostgreSQL 10.X

2017 年 PostgreSQL 10 版发布，从 Beta1 到 rc1，PostgreSQL 10 的主要新特性已趋于定型：支持原生分区（内置分区），即无须手工写规则，全部由系统处理，支持范围分区和列表分区；并行增强，包括并行合并连接、并行索引扫描、并行位图扫描、收集合并等；更快的分析查询；复制扩展，支持逻辑复制，可复制指定的表，或进行复制方式的升级，同步复制的优选提交，确保多节点时数据的可靠性和性能；安全性中增加 SCRAM 认证，用于更新安全的基于密码认证的访问；新增"监控"角色 pg_read_all_settings、pg_read_all_stats、pg_stat_scan_tables、pg_monitor，与行级安全有关的限制策略。

1.9　PostgreSQL 11.X

2018 年 10 月，PostgreSQL 11 正式发布，PostgreSQL 11 重点对系统性能进行提升，特别是对大数据集和高计算负载的情况进行了增强。尤其是 PostgreSQL 11 对表分区的功能进行了重大的改进和提升，增加了内置事务管理的存储过程，提升了并行查询能力和并行数据定义能力，也引入了 JIT 编译来加速查询中的表达式的计算执行。PostgreSQL 在该版本中引入了一系列新的特性，并且对一些功能进行了增强，例如提升分区表的性能和健壮性，新增内置的事务存储过程，提高并行查询的能力，优化编译表达式的效率，并提升用户的使用体验。

1.10 PostgreSQL 12.X

2019 年 9 月 PostgreSQL 12 Beta 版发布，支持 SQL/JSON path 特性、Generated Columns 特性；提升了性能，包括分区表 DML 性能提升、CTE 支持 Inlined With Queries；备份复制，包括 recovery.conf 配置文件中的参数合并到 postgresql.conf、新增 pg_promote() 函数用于激活备库（流复制主备切换）；支持在线重建索引等。

1.11 PostgreSQL 13.X

2020 年 5 月 PostgreSQL 13 Beta 版发布，增加了许多改进性能的新特性，同时使应用程序的开发更加容易。新增逻辑复制支持分区表、新增内置函数 Gen_random_uuid() 生成 UUID 数据等，并且性能提升，如 B Tree（B 树）索引优化、支持增量排序、实现了更多的 SQL 查询功能、分区表直接连接查询等；在数据库管理方面，VACUUM 命令支持索引的并行处理，支持更多的数据库监控方式。

1.12 PostgreSQL 14

2021 年 5 月 PostgreSQL 14 Beta 版发布，PostgreSQL 14 对大量的数据库连接时的事务吞吐量有了很大的改进，不光是事务活动状态，事务空闲状态也包括在内。PostgreSQL 14 减少了 B 树索引的资源消耗，包括频繁更新索引导致的表膨胀。Gist 索引可以在构建过程中预先排序数据，以更快地创建。SP-GIST 支持覆盖索引，可以使用 INCLUDE 子句索引增加不可搜索的额外字段。PostgreSQL 14 增加了许多并行查询功能，除了对顺序扫描的并行整体性能提升之外，PL/pgSQL 中的 RETURN QUERY 指定现在可以并行执行，REFRESH MATERIALIZED VIEW 命令也可以使用并行查询。PostgreSQL 14 还增加了使用 FDW 查询远程数据库时的并行执行功能。对于 PostgreSQL 外部数据封装器 postgres_fdw，当设置了 async_capable 标识时可以使用并行查询；还支持批量插入，使用 IMPORT FOREIGN SCHEMA 命令导入表分区，以及外部表上的 TRUNCATE 命令。该版本对分区表机制进行了优化，尤其是在更新或删除仅涉及少量分区的数据行时，显著提升了操作性能。PostgreSQL 14 可以使用 ALTER TABLE … DETACH PARTITION … CONCURRENTLY 命令以非阻塞的方式卸载分区。PostgreSQL 13 版引入的增量排序功能在 PostgreSQL 14 中可以用于窗口函数。PostgreSQL 14 增强了扩展统计的范围，可以支持表达式的扩展统计。几十年来，PostgreSQL 一直支持"超大字段"的压缩存储（TOAST 技术），新版本增加了使用 LZ4 算法压缩字段的功能。

1.13　PostgreSQL 15

PostgreSQL 15 于 2022 年 10 月 13 日发布，增强了本地和分布式部署的性能，并为开发人员引入了 MERGE 命令，提供了更强大的数据库观测能力。它提供了改进的排序算法、窗口函数和并行执行 SELECT DISTINCT 查询的能力。外部数据封装程序（postgres_fdw）支持异步提交，备份支持 LZ4 和 Zstandard 压缩。新的 MERGE 命令、新的正则表达式函数和 security_invoker 用于视图的功能提升了开发人员的体验。逻辑复制增加了行过滤、冲突管理功能和 2PC 支持。配置增强提供了管理服务器级参数和搜索配置的灵活性。其他显著变化包括服务器级统计信息存储在共享内存中，ICU 排序作为默认设置，pg_walinspect 扩展用于日志文件检查，以及对 CREATE 权限和对 Python 2 的支持的限制。

1.14　PostgreSQL 16

在 2023 年 9 月 14 日，全球 PostgreSQL 开发组宣布 PostgreSQL 16 正式发布。这个版本标志着世界上最先进的开源数据库在性能、功能以及灵活性方面的显著进步。PostgreSQL 16 对并行查询、大数据量处理和逻辑复制功能进行了重大改进，这些都是针对提高数据库性能和扩展性的关键领域。它不仅增强了对 SQL/JSON 语法的支持，还提供了新的工作负载监控指标和更灵活的访问控制规则，以便更好地服务于开发人员和数据库管理员。

此次更新带来的性能提升包括对查询规划器的优化，使之能够并行执行 FULL 和 RIGHT 连接，并为带有 DISTINCT 或 ORDER BY 子句的聚合函数查询生成更优的执行计划。COPY 命令在批量数据加载方面的改进，可以显著提高某些场景下的处理速度。此外，PostgreSQL 16 还引入了对客户端负载均衡的支持，优化了 VACUUM 策略，并通过使用 SIMD CPU 加速技术，在处理性能上获得了显著的提升。

在逻辑复制方面，PostgreSQL 16 支持从备份节点执行复制操作，进一步增强了数据分发的灵活性和高效性。此外，通过优化订阅者的处理能力和加入更合理的访问控制规则，使得数据复制和同步过程更加高效和安全。

对于开发者而言，PostgreSQL 16 通过添加更多 SQL/JSON 标准语法、扩展数字表示能力、增强的 psql 命令等新功能，大大提升了开发体验。特别是通过默认启用 ICU 支持并允许自定义排序规则，开发者可以更灵活地处理国际化数据。

1.15　PostgreSQL 17

在 2024 年 9 月 26 日，全球 PostgreSQL 开发组正式发布了 PostgreSQL 17。该版本在性能、功能和安全性方面进行了多项改进，进一步巩固了 PostgreSQL 作为领先开源数据库的地位。

PostgreSQL 17 引入了流式 I/O 接口，提升了顺序扫描和 ANALYZE 命令的性能。VACUUM 进程采用了新的数据结构，内存使用量大幅减少，只有老版本的 5%，任务完成时间也有所缩短。此外，COPY 命令在导出大数据行时的性能最高提升 2 倍，并新增了 ON_ERROR 选项，允许在插入操作发生错误时继续导入数据。

在功能方面，PostgreSQL 17 完善了 SQL/JSON 标准的实现，新增了 JSON_TABLE 函数，允许将 JSON 数据转换为标准的 PostgreSQL 表。MERGE 命令也得到了增强，支持 RETURNING 子句和更新视图，方便进行条件更新操作。此外，分区表现在支持标识列和排除约束，提升了分区数据的管理能力。

在安全性方面，PostgreSQL 17 引入了新的连接参数 sslnegotiation，允许使用

ALPN 协议时直接进行 TLS 握手，减少网络开销。同时，其新增了预定义角色 pg_maintain，它拥有执行 VACUUM、ANALYZE 等维护操作的权限，提升了数据库的管理便捷性。

总体而言，PostgreSQL 17 的发布是 PostgreSQL 社区长期努力的成果，展现了该数据库系统在提升数据库性能、功能和安全性方面持续的进步。这不仅证明了 PostgreSQL 作为领先的开源关系型数据库解决方案的地位，也为全球各种规模的组织提供了一种更加强大和灵活的数据管理工具。

第 2 章
PostgreSQL 的体系结构

PostgreSQL 的体系结构由应用程序申请的内存、一系列后台进程和数据文件、管理文件、参数文件、控制文件等组成，如图 2-1 所示。

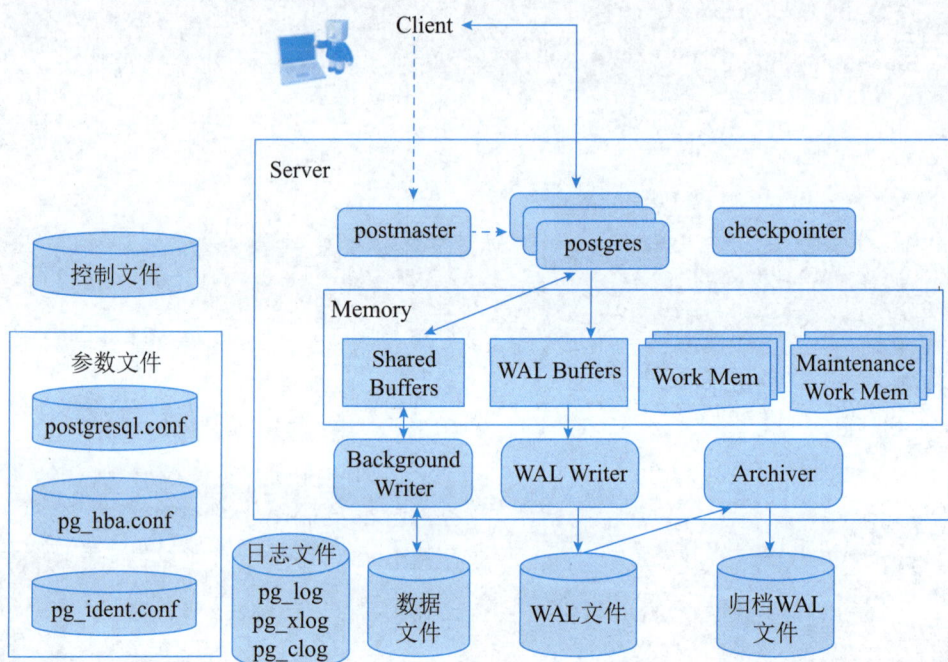

图 2-1 PostgreSQL 的体系结构

2.1　逻 辑 结 构

PostgreSQL 数据库集簇（PostgreSQL Cluster，也叫集群）是由 PostgreSQL 服务器管理的数据库集合。PostgreSQL 中的数据库集簇并不意味着"一组数据库服务器"，它与 Oracle 集群（Oracle RAC）不是一个概念。PostgreSQL 服务器在单个主机上运行并管理单个数据库集簇。

数据库是数据库对象的集合（见图 2-2）。在关系数据库理论中，数据库对象是用于存储或引用数据的数据结构，例如表、索引、序列、视图、函数等。在 PostgreSQL 中，数据库本身也是数据库对象，所有其他数据库对象都归属于它们各自的数据库。

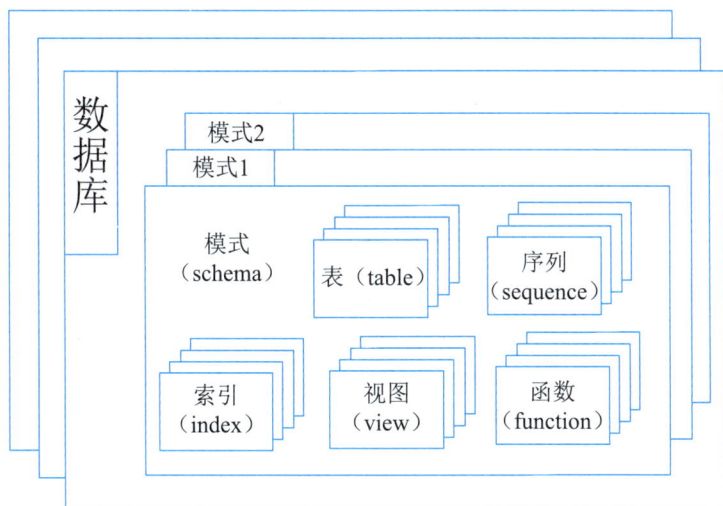

图 2-2　数据库

2.2　内存结构

PostgreSQL 的内存体系结构可以分为两大类，即本地内存区域（Local Memory Area）和共享内存区域（Shared Memory Area），如图 2-3 所示。

1. 本地内存区域

本地内存区域由每个后端进程分配供自己使用。每个客户端进程成功连接 PostgreSQL 数据库后，都会由 Postmaster 进程分配唯一对应的后端进程（Backend Process），每个 PostgreSQL 后端进程都会申请并分配本地内存区域，用于存放后端进程临时数据，进程退出时本地内存空间被释放。PostgreSQL 数据库总共占用的本地内存空间与连接会话数成正比。

2. 共享内存区域

共享内存区域由 PostgreSQL 服务器的所有进程使用。PostgreSQL 服务器的所有进程共用一块内存，在 PostgreSQL 启动后分配，主要包括共享缓冲区（用作读写缓存以提高读写性能），此外还包括预写日志缓冲区（WAL 日志缓冲区）和提交日志（Commit Log，CLOG）缓冲区。

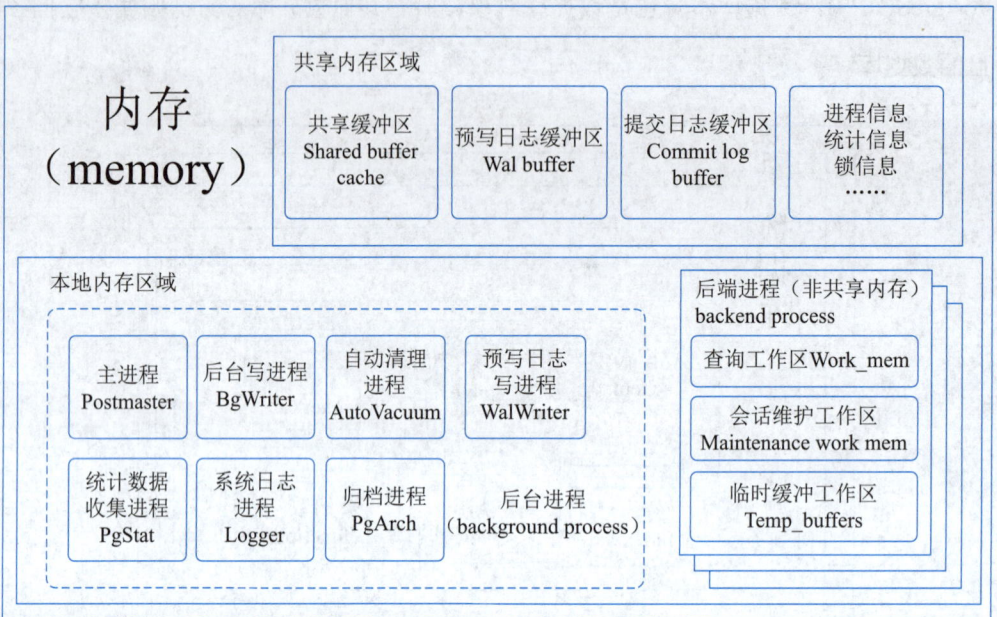

图 2-3　PostgreSQL 内存结构

2.3　物 理 结 构

2.3.1　PostgreSQL 安装文件目录

PostgreSQL 安装完成后的文件夹中包括 bin、include、lib 以及 share 文件目录，各个目录的内容如下：

- bin：二进制可执行文件目录，此目录下有 postgres、psql 等可执行程序。
- include：头文件目录。
- lib：动态库目录，PG 程序运行需要的动态库都在此目录下，如 libpg.so。
- share：此目录下存放文档和配置模板文件，以及一些扩展包的 SQL 文件（在此目录的子目录 extension 下）。

1. bin 目录的内容

bin 目录里有服务器端应用程序、客户端应用程序、扩展模块程序和其他内容等。

- 服务器端应用程序：指用于控制和管理服务相关的应用程序，这些程序只能用于在数据库服务器所在主机上使用，常见的有 initdb、pg_ctl、createdb、createuser、dropdb、dropuser 等。initdb 用于创建新的 PostgreSQL 数据集簇（实例）；pg_ctl 用于启动、停止或者重启 PostgreSQL 服务，查看服务状态。

- 客户端应用程序：指用于连接数据库、设置运行参数、操作数据的应用程序。这些应用程序一般可以在任何主机上运行，与数据库服务器所处位置无关。其中三个常用工具是 psql、pg_dump 和 pg_restore。

- 扩展模块程序：源代码包中的 contrib 目录里面有一些扩展模块，编译后将生成应用程序，放在 bin 目录下，如 pg bench（压力测试工具）、pg_test_fsync（为 wal_sync_method 报告以微秒计的平均文件同步操作时间，也被用来提示优化 commit_delay 值的方法）和 oid2name（解析一个 PostgreSQL 数据目录中的 OID 和文件结点）。这些扩展模块程序默认在编译时是没有加载的，需要时须进入相应目录编译和安装。

2. share 目录的内容

share 目录包括 doc、locale 和 PostgreSQL 文件。

- doc：保存文档模板文件。

- locale：储存语言包。

- PostgreSQL：包括 extension（扩展包的 sql 文件）、timezone（时区文件）、timezonesets（时区设置文件）、tsearch_data（全局索引），以及 pg_hba.conf、pg_ident.conf 和 pg_service.conf 等配置模板文件。

2.3.2　PostgreSQL 数据文件目录

PostgreSQL 数据文件目录如图 2-4 所示。PostgreSQL 物理结构包括：

- 日志文件；
- 参数文件；
- 控制文件；
- 数据文件。

```
data
├── base
│   ├── 1
│   ├── 4
│   └── 5
├── global
├── pg_commit_ts
├── pg_dynshmem
├── pg_logical
│   ├── mappings
│   └── snapshots
├── pg_multixact
│   ├── members
│   └── offsets
├── pg_notify
├── pg_replslot
├── pg_serial
├── pg_snapshots
├── pg_stat
├── pg_stat_tmp
├── pg_subtrans
├── pg_tblspc
├── pg_twophase
├── pg_wal
│   ├── archive_status
│   └── summaries
└── pg_xact

26 directories
```

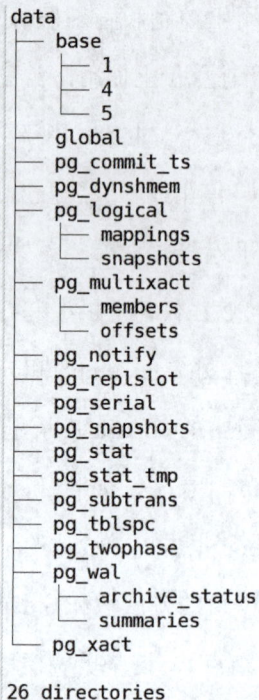

图 2-4　PostgreSQL 数据文件目录

1. 日志文件

1）错误日志文件

错误日志文件存放在目录 pg_log 下。错误日志文件的内容可读，错误日志文件默认是关闭的，需要设置参数才能打开。该日志的内容一般是记录服务器与 DB 的状态，比如各种 Error 信息、定位慢查询 SQL、数据库的启动关闭信息、发生 checkpoint 过于频繁等的告警信息等。错误日志文件可采用 .csv 或 .log 格式，建议使用 .csv 格式，它一般会按大小和时间自动切割。pg_log 可以被清理删除、压缩打包或者转移，同时并不影响 DB 的正常运行。pg_log 还可配合 pgaudit 等审计插件，完成简单的审计工作。

2）事务日志文件

每种类型的数据库都有事务日志（Transaction Log），PostgreSQL 的事务日志（Write Ahead Log，WAL）也叫预写日志或者 WAL 文件，其类似于 Oracle 的 Redo Log，作用是保证数据的一致性和事务的完整性，以便在系统崩溃时能够恢复数据。其原理是先将日志写入磁盘，以保证数据的完整性，在系统崩溃时该日志可以恢复最近的事务。

事务日志文件存放在 pg_wal 目录中，单个文件的默认大小是 16MB，在安装源代码时可以更改其大小（使用 ./configure --with-wal-segsize=target_value 参数即可设置）。该日志内容一般不具有可读性（可通过 pg_waldump 进行解读），需要强制打开，在基于时间点的恢复（PITR）、流复制（replication stream）以及归档时用到。这些日志记录着数据库发生的各种事务信息，不得随意删除或者移动这类日志文件，否则数据库有无法恢复的风险。如遇到归档或流复制异常时，事务日志会不断产生，进而造成磁盘使用率增加，最终导致数据库挂起或启动失败。遇到此类情况可以先关闭归档或流复制，备份 pg_wal 文件到其他存储器，但不要删除，然后删除较早的 pg_wal 文件，在有可用磁盘空间后重启数据库。

WAL 文件在 $PGDATA/pg_wal 目录下，PostgreSQL 10 之前为 pg_xlog 目录下。

可通过如下命令，查看当前使用的 WAL 文件、列举 $PGDATA/pg_wal 目录下所有的 WAL 文件。

```
postgres=# select pg_walfile_name(pg_current_wal_lsn());
     pg_walfile_name
--------------------------
 000000010000000000000001
(1 row)


postgres=# select * from pg_ls_waldir() order by modification asc;
          name           |   size   |       modification
-------------------------+----------+-------------------------
 000000010000000000000001 | 16777216 | 2024-12-13 18:07:31+08
(1 row)
```

WAL 文件的名称由十六进制的 24 个字符组成，每 8 个字符为一组，每组的意义如下所示。

```
00000001   00000000    00000001
时间线      逻辑ID      物理ID
```

切换 WAL 文件的命令如下。

```
postgres=# select pg_switch_wal();
 pg_switch_wal
```

```
---------------
 0/16E6F88
(1 row)

postgres=# select * from pg_ls_waldir( ) order by modification asc;
          name            |   size   |        modification
--------------------------+----------+---------------------------
 000000010000000000000001 | 16777216 | 2024-02-13 22:25:19+08
 000000010000000000000002 | 16777216 | 2024-02-13 22:25:20+08
(2 rows)
```

WAL 文件不能使用 vi 命令查看，但可以使用 pg_waldump 命令查看，命令格式为：pg_waldump -option walfile。使用 pg_waldump -help 可查看 option 的含义。

查看备份块详细信息的方法如下。

```
[postgres@10-9-105-16 pg_wal]$ pg_waldump -b $PGDATA/pg_
wal/000000010000000000000002
rmgr: Standby      len (rec/tot):      50/     50, tx:          0,
lsn: 0/02000028, prev 0/016E6F70, desc: RUNNING_XACTS nextXid 734
latestCompletedXid 733 oldestRunningXid 734
rmgr: Standby      len (rec/tot):      50/     50, tx:          0,
lsn: 0/02000060, prev 0/02000028, desc: RUNNING_XACTS nextXid 734
latestCompletedXid 733 oldestRunningXid 734
rmgr: XLOG         len (rec/tot):     114/    114, tx:          0,
lsn: 0/02000098, prev 0/02000060, desc: CHECKPOINT_ONLINE redo
0/2000060;
tli1; prev tli 1; fpw true; xid 0:734; oid 24576; multi 1; offset 0;
oldest xid 726 in DB 1; oldest multi 1 in DB 1; oldest/newest
commit timestamp xid: 0/0; oldest running xid 734; online
rmgr: Standby      len (rec/tot):      50/     50, tx:          0,
lsn: 0/02000110, prev 0/02000098, desc: RUNNING_XACTS nextXid 734
latestCompletedXid 733 oldestRunningXid 734
```

注释：

- rmgr: Heap PostgreSQL 内部将 WAL 日志归类为 20 多种不同的资源管理器，heap 堆表、B-Tree、Transaction。

- len（rec/tot）：记录 record 的长度。

- tx：事务 ID。
- lsn：本 WAL 记录的 lsn。
- prev：上条 WAL 记录的 lsn。

3）提交日志

和事务日志相关的还有提交日志（Commit Log），提交日志文件存放在 pg_clog 目录下，它记录的是事务的元数据（metadata），内容一般不具有可读性，需要强制开启。虽然该日志文件也是事务日志文件，但与 pg_wal 文件不同的是它记录的是事务的元数据，提交日志告诉大家哪些事务完成了，哪些没有完成。提交的日志文件虽然一般非常小，但是重要性却相当高，不得随意删除或者更改其信息。

2. 参数文件

PostgreSQL 的参数文件包括 postgresql.conf、postgresql.auto.conf、pg_hba.conf 和 pg_ident.conf。

1）postgresql.conf 和 postgresql.auto.conf

postgresql.conf 是 PostgreSQL 的主要参数文件，它有很详细的说明和注释，和 Oracle 的 pfile、MySQL 的 my.cnf 类似。该文件的位置默认在 $PGDATA 下。很多参数修改后都需要重启。PostgreSQL 9.6 版之后支持用 alter system 来修改参数，修改后的文件会保存在 $PGDATA/postgresql.auto.conf 下，可以用 reload 或者 restart 命令使之生效。

注意：postgresql.auto.conf 是在 PostgreSQL 9.4 版中引入的。

postgresql.conf 文件包含的参数如表 2-1 所示。

表 2-1　postgresql.conf 主要参数

参数	说明及可选值
listen_addresses='*'	监听客户端的地址，默认是本地的，需要远程连接时应修改为 "*" 或者 "0.0.0.0"
port = 5432	PostgreSQL 端口，默认是 5432
max_connections = 1000	最大连接数，默认是 1000
unix_socket_directories	socket 文件的位置，默认在 /tmp 下面
shared_buffers	数据缓冲区，类似 Oracle 的 buffer cache。建议值为 1/4 主机内存容量

参数	说明及可选值
maintenance_work_mem	维护工作内存，用于 vacuum、create index 和 reindex 等。建议值为（1/4 主机内存）/autovacuum_max_workers
max_worker_processes	总 worker 数
max_parallel_workers_per_gather	单条 QUERY 中，每个 node 最多允许开启的并行计算 WORKER 数
wal_level	WAL 级别，从版本 11 开始默认为 replica
wal_buffers	类似 Oracle 的 log buffer
checkpoint_timeout	checkpoint 时间间隔
max_wal_size	控制 WAL 的数量
min_wal_size	控制 WAL 的数量
archive_command	开启归档，比如 'test ! -f /pgccc/archive/%f && cp %p /pgccc/archive/%f'
autovacuum	开启自动 VACUUM

注意：

（1）对于 postgresql.auto.conf 文件要注意以下几点：

● 不要手动修改此文件，因为它会被 ALTER SYSTEM 命令覆盖。

● 该文件主要用于存储由 ALTER SYSTEM 命令设置的参数值。

● 该文件不需要像 postgresql.conf 文件一样，每当调整配置参数时，都要手动打开修改、保存。

（2）配置参数生效的优先级如下（从上到下，优先级越来越高）。

● 配置文件（postgresql.conf）；

● alter system（postgresql.auto.conf）；

● 命令行（postgres -o, pg_ctl -o）；

● 所有用户（alter role all set）；

● 数据库（alter database xxx set）；

● 用户（alter role 用户名 set）；

● 会话（set xxx）；

● 事务（set local xxx）；

● 函数（create or replace function … set par=val）；

● 表（表级垃圾回收相关参数）。

（3）PostgreSQL 12 已经把 recovery.conf 的内容全部移入 postgresql.conf 中。

配置恢复、基于归档的恢复模式配置、基于流复制的恢复模式配置都在 postgresql.conf 中。

postgresql.conf 文件和对应的两个 signal 文件表示进入 recovery 模式或 standby 模式。

2）pg_hba.conf（postgres 防火墙）

在参数文件 pg_hba.conf 中可以设置黑名单、白名单，用于控制访问的白名单 IP。pg_hba.conf 文件里有详细的参数说明，默认参数如下（参见图 2-5）。

```
# TYPE   DATABASE        USER            ADDRESS             METHOD

# "local" is for Unix domain socket connections only
local    all             all                                 trust
# IPv4 local connections:
host     all             all             127.0.0.1/32        trust
# IPv6 local connections:
host     all             all             ::1/128             trust
# Allow replication connections from localhost, by a user with the
# replication privilege.
local    replication     all                                 trust
host     replication     all             127.0.0.1/32        trust
host     replication     all             ::1/128             trust
```

图 2-5　pg_hba.conf 文件截图

- TYPE：定义了多种连接 PostgreSQL 的方式。该列有 local、host、hostssl 和 hostnossl 四种类型，local 表示本地认证。

- DATABASE：允许访问的数据库。该列可以是 all 或者指定的数据库。

- USER：允许登录的用户。该列可以是 all 或者具体的用户。

- ADDRESS：允许登录的客户端 IP。该列可以是 IP 地址或者网段地址。

- METHOD：指定如何处理客户端的认证。该列比较重要，有 trust、reject、md5、password、scram-sha-256、gss、sspi、ident、peer、pam、ldap、radius、cert 等选项。trust 是免密登录；reject 是黑名单拒绝；md5 是用 MD5 加密密码；password 是没有加密的密码；ident 是 Linux 下 PostgreSQL 默认的 local 认证方式，凡是能正确登录服务器的操作系统用户（注：不是数据库用户），就能使用本用户映射的数据库，用户不需密码就可以登录数据库。

如果修改 pg_hba.conf 中的参数，需要使用 pg_ctl reload 命令重新加载 pg_hba.conf 文件。如果 pg_ctl 命令找不到数据库，可以使用 export PGDATA=/pgccc/data/ 导入环境变量，或者使用 -D /pgccc/data/ 指定数据库目录。

注意：

（1）postgresql.conf 中有配置参数 unix_socket_directories = '/tmp' 标识套接字的存放位置。

我们可以通过套接字进行连接，如下所示。

```
psql -h /tmp
```

（2）我们可以通过 \conninfo 查看当前的连接信息，并检测 pg_hba.conf 的设置是否准确，如下所示。

```
postgres=# \conninfo
You are connected to database "postgres" as user "postgres" via socket in "/tmp" at port "5432"
```

3）pg_ident.conf

ident 是 Linux 下 PostgreSQL 默认的 local 认证方式，只要是能正确登录数据库服务器的操作系统用户（注：不是数据库用户），就能使用本用户映射的数据库，且用户不需要密码就可以登录数据库。用户映射配置文件为 pg_ident.conf，它记录着与操作系统用户匹配的数据库用户，如果某操作系统用户在本文件中没有映射用户，则默认映射数据库用户与操作系统用户同名。例如，数据库服务器上有名为 pgccc 的操作系统用户，同时数据库里也有同名的数据库用户 pgccc，则用户 pgccc 登录操作系统后可以直接输入 psql，以 pgccc 数据库用户身份登录数据库且不需密码。

pg_hba.conf 中的 ident 认证方式需要建立映射用户名或者具备相同用户名。如果服务器用户名和数据库用户名相同，不需要保持密码一致，操作系统用户登录后，即可通过 psql dbname 进行数据库连接。如果服务器用户名和数据库用户名不同，可以通过 pg_ident.conf 文件进行配置。

pg_ident.conf 是用户映射配置文件，用来配置操作系统用户与数据库用户的映射关系。为了完成映射，需要修改两个配置文件：pg_ident.conf 和 pg_hba.conf。

pg_ident.conf 文件的格式如下。

```
# MAPNAME     SYSTEM-USERNAME     PG-USERNAME
mapname           sysuser            dbuser
```

pg_hba.conf 文件的格式如下。

```
# TYPE  DATABASE  USER  CIDR-ADDRESS  METHOD
local    all      all               ident  map=mapname
```

其中，mapname 是映射名，在 pg_hba.conf 中会用到，多个映射可以共用一个映射名；sysuser 是操作系统用户名；dbuser 是映射到数据库的数据库用户名。

3. 控制文件

控制文件（Control File）在数据库目录的 global 目录（$PGDATA/global/pg_control）下。控制文件记录了数据库的重要信息。用 pg_controldata 命令可以查看控制文件的内容。控制文件记录了数据库运行的一些信息，比如 WAL 文件的位置、检查点（checkpoint，又称校验点）的位置等。控制文件是很重要的文件，用于部署和调整数据库。

PostgreSQL 控制文件的重建，在 PostgreSQL 9.6 版前使用 pg_resetxlog 命令实现；在 PostgreSQL 10 版之后使用 pg_resetwal 命令清理 WAL 日志，或通过重置控制文件中的一些控制信息来实现。

pg_controldata 命令的输出参数说明如下。

- database cluster state：记录实例的状态。

- starting up：表示数据库正在启动状态。

- shut down：数据库实例（非 Standby）正常关闭后控制文件中就是此状态。

- shut down in recovery：Standby 实例正常关闭后控制文件中就是此状态。

- shutting down：正常停止数据库时，先做 checkpoint，开始做 checkpoint 时，会把状态设置为此状态，做完后把状态设置为 shut down。

- in crash recovery：数据库实例非异常停止后，当重新启动数据库时，会先进行实例的恢复，实例恢复时的状态就是此状态。

- in archive recovery：Standby 实例正常启动后，就是此状态。

- in production：数据库实例正常启动后就是此状态。Standby 数据库正常启动后不是此状态，而是 streaming。

- Latest checkpoint location：数据库异常停止后再重新启动时，需要做实例恢复。实例恢复的过程是从 WAL 日志中，找到最后一次的 checkpoint 点，然后读取这个点之后的 WAL 日志，重新应用这些日志，此过程称为数据库实例前滚。最后一次的 checkpoint 点的信息记录在 Latest checkpoint 项中。

- Latest checkpoint's REDO location：记录数据库日志文件上的检查点。

- Latest checkpoint's REDO WAL file：记录 WAL 日志名，在 pg_wal 目录下可以查到文件。

- Latest checkpoint's NextXID：前面是新纪元值（epoch 值，指的是系统时间的起点），冒号后面是下一个事务号，当前事务号的最大安全值可以在 pg_xact 目录下通过文件名计算出来。

- Latest checkpoint's NextMultiXactId：该参数可以通过 pg_multixact/offsets 文件名计算出安全值。

- Latest checkpoint's NextMultiOffset：该参数，当恢复控制文件时可以通过 pg_multixact/members 目录下计算出此参数的安全值。

- Maximum length of identifiers：记录一些数据库对象名称的最大长度，如表名、索引名的最大长度。

- Maximum columns in an index：表示一个索引最多有多少列，默认为 32 列。

- Maximum size of a TOAST chunk：记录 TOAST chunk 的最大长度。TOAST 用于解决当列的内容太长，在一个数据块中存不下时的一种行外存储的方式，它类似于 Oracle 的行链接。

- Data page checksum version：记录数据块 checksum 的版本，默认为 0，表示数据块没有使用 checksum。运行 initdb 时加了 -k 参数，PostgreSQL 才会在数据块上启用 checksum 功能。

4. 数据文件

1）数据文件位置

在 PostgreSQL 中，每个索引和表都是分开的文件，也就是表数据和索引数据是分开存储的，都有自身的唯一性标识（即 OID）。每个大于 1GB 的文件默认会被分割成格式为 pg_class.relfilenode.1 这样的文件。每个数据文件的大小在设置 configure 的时候指定（--with-segsize 参数的默认值是 1GB）。空闲空间映射（FSM）文件和可见性映射（VM）文件一旦过大，也会被分割。每个数据库中数据文件所在的物理位置是：$PGDATA/base/DATABASE_OID/PG_CLASS.RELFILENODE。其中：

DATABASE_OID 可以通过查询参数表 pg_datababse 获取，查询方法与执行结果如下。

```
postgres=# select oid from pg_database;
  oid
-------
 13892
 16384
     1
 13891
(4 rows)
```

PG_CLASS.RELFILENODE 通过 SQL 语句获取。例如，查找参数表 pg_statistic 的数据文件所在位置，查询方法及执行结果如下。

```
postgres=# select relfilenode from pg_class
where relname='pg_statistic';
 relfilenode
-------------
        2619
(1 row)
postgres=#  select pg_relation_filepath('pg_statistic');
 pg_relation_filepath
----------------------
 base/13892/2619
(1 row)
postgres=# show data_directory;
 data_directory
----------------
 /pgccc/data
(1 row)
postgres=# \q
```

```
[postgres@10-9-105-16 13891]$ ls -rtl $PGDATA/base/13892/2619
-rw------- 1 postgres postgres 155648 Feb 13 17:48 /pgccc/data/
base/13892/2619
```

注意：pg_class.relfilenode 和 dba_objects.data_object_id 类似，它们都是 PostgreSQL 数据库系统内部用于标识表或其他对象唯一性的字段，但是，如果对表执行 TRUNCATE 操作，表的 relfilenode 可能会改变，因此与之相关的物理文件名也会发生改变。换句话说，relfilenode 并不是永久不变的标识符，它可能会受到表的修改等因素的影响而改变。

虽然一个表的文件节点通常和它的 OID 相匹配，但有些操作，比如 TRUNCATE、REINDEX、CLUSTER 以及某些形式的 ALTER TABLE，可以改变文件节点而同时保留 OID。例如：

```
postgres=# select oid,relname,pg_relation_filepath('pgccc') from
pg_class where relname ='pgccc';
  oid  | relname | pg_relation_filepath
-------+---------+----------------------
 16481 | pgccc   | base/13892/16481
(1 row)

postgres=# vacuum full pgccc;
VACUUM
postgres=# select oid,relname,pg_relation_filepath('pgccc') from
pg_class where relname ='pgccc';
  oid  | relname | pg_relation_filepath
-------+---------+----------------------
 16481 | pgccc   | base/13892/17425
(1 row)
```

由此可以看出，不应该假设文件节点和表 OID 相同。

2）数据文件内部

读者可借助 PostgreSQL 的插件 pageinspect 中提供的函数，从低维度观察数据库页的内容，这对于调试和理解学习数据页的详细信息很有用。所有这些函数只能被超级用户调用。

PostgreSQL 的数据页头部信息中包含如下关键字段：

- pd_lsn：标识此页面中最后更改的 xlog 记录。

- pd_checksum：页面校验和。

- pd_flags：标志位。

- pd_lower：到可用空间开始的偏移量，指向最后一个指针末尾。

- pd_upper：到可用空间末尾的偏移量，指向最新元组的起始位置。

- pd_special：特殊空间开始的偏移量。

- pd_pagesize_version：字节大小和页面布局的版本号。

- pd_prune_xid：页面上可能可修剪的元组中最旧的 XID。

下面，将使用 pageinspect 插件查看表的文件内容和索引的文件内容。首先，创建表 customer1 并插入 3 条数据，命令如下。

```
CREATE TABLE customer1(
    ID INT PRIMARY KEY NOT NULL,
    DEPT CHAR(50)NOT NULL,
    order_id INT NOT NULL
);
INSERT INTO customer1 (ID, DEPT, order_id) VALUES (1, 'IT ', 1);

INSERT INTO customer1 (ID, DEPT, order_id) VALUES (2, 'buyer', 2
);

INSERT INTO customer1 (ID, DEPT, order_id) VALUES (3, 'Finance',
7);
```

上述命令执行完成后，可执行 select max（ctid）from customer1，从命令的返回结果（0,3）可知，该表申请了 1 个数据页。

（1）查看表文件内容。按上述命令创建表后，通过 pageinspect 查看表文件中的内容，如图 2-6 所示。

```
postgres=# select  * from page_header(get_raw_page('customer1',0));
    lsn     | checksum | flags | lower | upper | special | pagesize | version | prune_xid
------------+----------+-------+-------+-------+---------+----------+---------+-----------
 0/1D0BB5D8 |        0 |     0 |    36 |  7928 |    8192 |     8192 |       4 |         0
(1 row)

postgres=# select  lp,lp_off,lp_flags,lp_len from heap_page_items(get_raw_page('customer1', 'main' ,0)) ;
 lp | lp_off | lp_flags | lp_len
----+--------+----------+--------
  1 |   8104 |        1 |     84
  2 |   8016 |        1 |     84
  3 |   7928 |        1 |     84
(3 rows)
```

图 2-6　文件内容

数据页内部结构如图2-7所示。

数据页内部

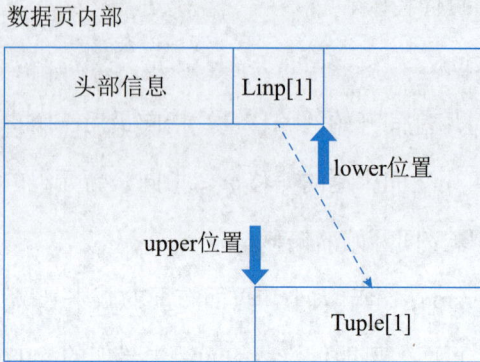

图2-7　数据页内部结构

结合图2-6、图2-7，可以得出如下结论。

①数据页指针，从上向下，自左向右写入。

② Tuple 从下向上，自右向左写入。

例如，第1个tuple，lp（line pointer）值为1，它的偏移量lp_off是8104，也就是最靠近数据页末尾的。计算8104 + 88（不是lp_len标识的84，下文有说明）得知，该tuple位于数据页的最底部。同理，第2个tuple，lp值为2，它的偏移量lp_off是8016，为紧邻页面右下角Tuple[1]左边的位置。

③由lower值为36，每个数据页有24B的页头，且每个lp指针的大小为4B得知，现在的tuple指针数量有（36–24）/ 4个，即3个，与实际情况相符。

④由于宏定义#define MAXIMUM_ALIGNOF 8的存在，所以每个tuple的实际占用字节数需要进行字节对齐，保持为MAXALIGN的倍数。本例中，lp_len为84，则实际tuple的字节占用为88。这样就能计算出一个数据页能存放多少的tuple，本例为（8192–24）/（88 + 4），即一个数据页能够存放88个tuple（第89个tuple需要放在下一个数据页中）。

接下来通过例子来论证上面的计算。表结构如图2-8所示。

```
postgres=# \d+ customer1
                                  Table "public.customer1"
   Column  |     Type      | Collation | Nullable | Default | Storage  | Compression | Stats target | Description
-----------+---------------+-----------+----------+---------+----------+-------------+--------------+-------------
 id        | integer       |           | not null |         | plain    |             |              |
 dept      | character(50) |           | not null |         | extended |             |              |
 order_id  | integer       |           | not null |         | plain    |             |              |
Indexes:
    "customer1_pkey" PRIMARY KEY, btree (id)
Access method: heap
```

图2-8　表结构

执行如图 2-9 所示的 SQL 语句插入 85 个 tuple。

当插入操作完成后，执行 select max（ctid）from customer1，根据命令的结果
（0,88）可知，该表未申请新的数据页，还在使用第 1 个数据页。

```
postgres=# insert into customer1 select a,'test'||a,(random()*10)::int from generate_series(4,88) as a ;
INSERT 0 85
postgres=# select  * from page_header(get_raw_page('customer1',0));
    lsn     | checksum | flags | lower | upper | special | pagesize | version | prune_xid
------------+----------+-------+-------+-------+---------+----------+---------+-----------
 0/1D0BF620 |        0 |     0 |   376 |   448 |    8192 |     8192 |       4 |         0
(1 row)
```

图 2-9　插入数据

现在 lower 值为 376，upper 值为 448，还有 72B（＜ 88 B），表示该页已经无法
插入一个完整的 tuple，故需要申请第 2 个数据页。

再插入 1 个 tuple 查看情况。执行如图 2-10 所示的 SQL 语句。

```
postgres=# insert into customer1 values (89,'test89',0);
INSERT 0 1
postgres=# select  * from page_header(get_raw_page('customer1',0));
    lsn     | checksum | flags | lower | upper | special | pagesize | version | prune_xid
------------+----------+-------+-------+-------+---------+----------+---------+-----------
 0/1D0BF620 |        0 |     0 |   376 |   448 |    8192 |     8192 |       4 |         0
(1 row)

postgres=# select  * from page_header(get_raw_page('customer1',1));
    lsn     | checksum | flags | lower | upper | special | pagesize | version | prune_xid
------------+----------+-------+-------+-------+---------+----------+---------+-----------
 0/1D0C3878 |        0 |     0 |    28 |  8104 |    8192 |     8192 |       4 |         0
(1 row)

postgres=# select max(ctid) from customer1;
  max
-------
 (1,1)
(1 row)
```

图 2-10　插入 1 个 tuple

从图 2-10 的结果中可以看到，第 89 条 tuple 插入时，新申请了数据页；并且根
据 upper 标识的 8104 与 ctid 标识的（1,1）代表的第 1 块第 1 行印证了计算结果。

（2）查看索引文件内容。继续通过 pageinspect 查看主键的索引信息，如图 2-11
所示。

```
postgres=# select * from bt_metap('customer1_pkey');
 magic  | version | root | level | fastroot | fastlevel | last_cleanup_num_delpages | last_cleanup_num_tuples | allequalimage
--------+---------+------+-------+----------+-----------+---------------------------+-------------------------+---------------
 340322 |       4 |    1 |     0 |        1 |         0 |                         0 |                      -1 | t
(1 row)

postgres=# select * from bt_page_stats('customer1_pkey',1);
 blkno | type | live_items | dead_items | avg_item_size | page_size | free_size | btpo_prev | btpo_next | btpo_level | btpo_flags
-------+------+------------+------------+---------------+-----------+-----------+-----------+-----------+------------+------------
     1 | l    |         89 |          0 |            16 |      8192 |      6368 |         0 |         0 |          0 |          3
(1 row)

postgres=# select * from bt_page_stats('customer1_pkey',0);
ERROR:  block 0 is a meta page
```

图 2-11　索引信息

其中：

- magic：标识 B 树的编号，这个值在所有的 B 树索引里都是一样的，用于完整性检查和辅助调试。

- version：B 树索引版本号。

- root：根页面的位置。

- level：当前根页面的层级。

- fastroot：当前生效的根页。由于大量的删除操作可能导致根节点下面出现单节点层（单节点指从根节点到子节点之间其实只有唯一的一条路径），用 fastroot 记录索引中最底层的单节点层（叶子层为最底层），对 B 树的操作（查找、插入等）都从 fastroot 开始，这样可提升效率。

- fastlevel：fastroot 的层级。

- last_cleanup_num_delpages：记录了最后一次清理多少删除的页面（dead pages）。

- last_cleanup_num_tuples：最新清理元组数。

- allequalimage：将 2 个二进制数据进行比较，如果 2 个二进制数据完全相等，则返回 true，如果不相等，则返回 false。

- blkno：块号。

- type：页面类型。代表已删除页面；1 代表叶子页面；r 代表根页面。

- live_items：活动记录条数。

- dead_items：死记录条数。

- avg_item_size：平均记录宽度。

- page_size：数据页大小，一般为 8KB。

- free_size：空闲空间大小。

- btpo_prev：前一页块号。

- btpo_next：下一页块号。

- btpo_level：页面所处的层次。值为 0，代表处于最底层，存储的是 head ctid。

- btpo_flags：1 代表 leaf page、2 代表 root page、3 代表既是 leaf 又是 root。

2.4 进程结构

PostgreSQL 的主进程是 postmaster，由它派生出其他的进程，这些进程叫服务进程或子进程（其实就是具体完成工作的），如图 2-12 所示。

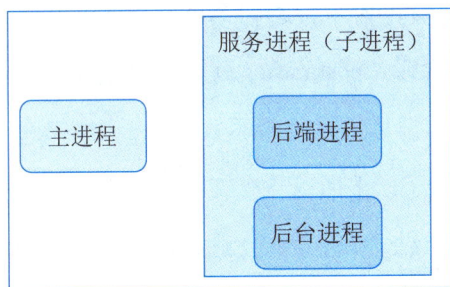

图 2-12　进程结构

当 PostgreSQL 数据库启动后，可以使用 ps -ef|grep postgres 命令查看主进程，如图 2-13 所示。

```
[postgres@10-9-105-16 data]$ ps -ef|grep postgres
root     20346 20320  0 17:46 pts/0   00:00:00 su - postgres
postgres 20347 20346  0 17:46 pts/0   00:00:00 -bash
postgres 20787     1  0 17:53 ?       00:00:00 /pgccc/pgdata/bin/postgres -D /pgccc/data
postgres 20789 20787  0 17:53 ?       00:00:00 postgres: checkpointer
postgres 20790 20787  0 17:53 ?       00:00:00 postgres: background writer
postgres 20791 20787  0 17:53 ?       00:00:00 postgres: walwriter
postgres 20792 20787  0 17:53 ?       00:00:00 postgres: autovacuum launcher
postgres 20793 20787  0 17:53 ?       00:00:00 postgres: stats collector
postgres 20794 20787  0 17:53 ?       00:00:00 postgres: logical replication launcher
postgres 20799 20347  0 17:53 pts/0   00:00:00 ps -ef
postgres 20800 20347  0 17:53 pts/0   00:00:00 grep --color=auto postgres
```

图 2-13　PostgreSQL 主进程

2.4.1　主进程

postmaster 是主进程，它是整个数据库实例的总控制进程，负责启动和关闭数据库实例，用户可以运行 postmaster 或者使用 postgres 命令加上合适的参数来启动数据库。实际上，postmaster 命令是一个指向 postgres 的链接，如下例所示。

```
ls -lhtr post*
lrwxrwxrwx 1 postgres postgres     8    Feb 24 00:25 postmaster ->
postgres
-rwxr-xr-x 1 postgres postgres 8.4M Feb 24 00:25 postgres
```

29

主进程 postmaster 实际上是第 1 个 postgres 进程，此进程会派生（fork）一些与数据库实例相关的辅助子进程，并管理它们。当用户与 PostgreSQL 数据库建立连接时，实际上是先与 postmaster 进程建立连接。此时，客户端程序会发送身份验证消息给 postmaster 进程，postmaster 进程根据消息中的信息进行客户端身份验证，如果验证通过，它会派生一个子进程 postgres 为这个连接服务。派生出来的进程被称为服务进程，查询 pg_stat_activity 表看到的 PID 就是这些服务进程的 PID。

当某个服务出现错误时，postmaster 进程会自动完成系统的修复。修复过程中会停掉所有的服务进程，然后进行数据库数据的一致性恢复，等待恢复完成后，数据库又可以接受新的连接了。下面以一个实验来说明。

执行 ps -elf | grep postgres 命令查看主进程，如图 2-14 所示。

```
postgres 12046     1 0 Jun12 ?    00:00:08 /home/postgres/opt/PostgreSQL/bin/postgres -D data
postgres 16406 12046 0 Jun19 ?    00:00:00 postgres: logger
postgres 16582 12046 0 Jun19 ?    00:00:00 postgres: checkpointer
postgres 16583 12046 0 Jun19 ?    00:00:07 postgres: background writer
postgres 16584 12046 0 Jun19 ?    00:00:07 postgres: walwriter
postgres 16585 12046 0 Jun19 ?    00:00:06 postgres: autovacuum launcher
postgres 16586 12046 0 Jun19 ?    00:00:06 postgres: stats collector
postgres 16587 12046 0 Jun19 ?    00:00:00 postgres: logical replication launcher
postgres 17479 12046 0 Jun19 ?    00:00:07 postgres: walsender postgres [local] streaming 0/1D005308
postgres 17594 12046 0 Jun19 ?    00:00:06 postgres: walsender postgres [local] streaming 0/1D005308
```

图 2-14 postgres 相关进程

执行 kill-9 16585 命令（杀死随意的进程，这里以 autovacuum launcher 进程为例），如图 2-15 所示。

```
postgres 12046     1 0 Jun12 ?      00:00:08 /home/postgres/opt/PostgreSQL/bin/postgres -D data
postgres 15382 12046 0 11:29 ?      00:00:00 postgres: checkpointer
postgres 15383 12046 0 11:29 ?      00:00:00 postgres: background writer
postgres 15384 12046 0 11:29 ?      00:00:00 postgres: walwriter
postgres 15385 12046 0 11:29 ?      00:00:00 postgres: autovacuum launcher
postgres 15386 12046 0 11:29 ?      00:00:00 postgres: stats collector
postgres 15387 12046 0 11:29 ?      00:00:00 postgres: logical replication launcher
postgres 15420 12046 0 11:29 ?      00:00:00 postgres: walsender postgres [local] streaming 0/1D0053B8
postgres 15421 12046 0 11:29 ?      00:00:00 postgres: walsender postgres [local] streaming 0/1D0053B8
postgres 16167  9030 0 11:31 pts/1  00:00:00 grep -E --color=auto 12046
postgres 16406 12046 0 Jun19 ?      00:00:00 postgres: logger
```

图 2-15 杀死 autovacuum launcher 进程后的进程

可以看到，短时间内，所有的服务进程由 postmaster 进程停掉（除了 logger 日志记录进程），进行数据库数据的一致性恢复，并全部进行了重启。该功能一定程度上增强了数据库的可用性。

2.4.2 检查点进程

checkpoint 是检查点进程，也叫校验点进程。checkpoint 进程负责将某个时间戳之前的脏数据都更新到磁盘。当数据库崩溃恢复时，会以最近的检查点为基础，应用该检查点之后的 WAL 日志，进而缩短数据库故障恢复时间。

使用 /pgccc/pgdata/bin 目录下的 pg_controldata 命令查看 /pgccc/data 目录下的 PostgreSQL 数据库实例的控制信息的列表。

```
[postgres@10-9-105-16 bin]$ /pgccc/pgdata/bin/pg_controldata /
pgccc/data/
......
Latest checkpoint location:              0/70724E0
Latest checkpoint's REDO location:       0/70724A8
Latest checkpoint's REDO WAL file:       000000030000000000000007
Latest checkpoint's TimeLineID:          3
Latest checkpoint's PrevTimeLineID:      3
Latest checkpoint's full_page_writes: on
Latest checkpoint's NextXID:             0:748
Latest checkpoint's NextOID:             24591
Latest checkpoint's NextMultiXactId:     1
Latest checkpoint's NextMultiOffset:     0
Latest checkpoint's oldestXID:           726
Latest checkpoint's oldestXID's DB:      1
Latest checkpoint's oldestActiveXID:     748
Latest checkpoint's oldestMultiXid:      1
Latest checkpoint's oldestMulti's DB: 1
Latest checkpoint's oldestCommitTsXid:0
Latest checkpoint's newestCommitTsXid:0
......
```

与 checkpoint 进程相关的参数有：

- checkpoint_timeout：系统自动执行 checkpoint 进程的最大时间间隔。相同时间间隔越大的介质需要的恢复时间越长。系统默认时间间隔是 5min。

- checkpoint_flush_after：当执行检查点写入的数据量超过此数量时，就尝试强制 OS 把这些写发送到底层进行存储。这样做将会限制内核页面高速缓存中的脏数据数量，降低在检查点末尾发出 fsync 或者 OS 在后台大批量写回数据时被卡住的可能性。合理的范围是 0（禁用强制写回）至 2MB。Linux 中该参数的默认值是 256kB，其他平台上是 0kB（如果 BLCKSZ 不是 8kB，则默认值和最大值会按比例缩放至该值）。

- checkpoint_completion_target：表示 checkpoint 的完成目标，系统默认值是 0.5，也就是说每个 checkpoint 需要在 checkpoints 间隔时间的 50% 内完成。

- checkpoint_warning：系统默认值是 30s，如果 checkpoints 的实际发生时间间隔小于此参数，则会在 server log 中写入一条相关信息。可以通过将其值设置为 0 来禁止信息写入。

2.4.3　数据库写进程

background writer 是数据库写进程，负责将共享内存中的脏页写入物理磁盘。在对数据进行处理之前，首先将数据从磁盘读到内存中，数据更新完毕后再将修改的数据写回磁盘。background writer 进程负责写，当超过每次写的最大数据量时，脏数据将会被写回磁盘。

background writer 进程相关参数可以通过数据字典 pg_stat_bgwriter 查看。

```
[postgres@10-9-105-16 bin]$ ./psql
psql (14.6)
Type "help" for help.
postgres=#  select * from pg_stat_bgwriter;
-[ RECORD 1 ]---------+-----------------------------
checkpoints_timed     | 48152
checkpoints_req       | 12
checkpoint_write_time | 114916
checkpoint_sync_time  | 141
buffers_checkpoint    | 1147
buffers_clean         | 0
maxwritten_clean      | 0
buffers_backend       | 194
buffers_backend_fsync | 0
buffers_alloc         | 1241
stats_reset           | 2024-02-13 11:29:56.352508+08

postgres=# SELECT pg_stat_get_bgwriter_timed_checkpoints() AS
checkpoints_timed, pg_stat_get_bgwriter_requested_checkpoints()
AS checkpoints_req, pg_stat_get_bgwriter_buf_written_checkpoints
```

```
( ) AS buffers_checkpoint, pg_stat_get_bgwriter_buf_written_clean
( ) AS buffers_clean, pg_stat_get_bgwriter_maxwritten_clean ( ) AS
maxwritten_clean, pg_stat_get_buf_written_backend ( ) AS buf-
fers_backend, pg_stat_get_buf_alloc ( ) AS buffers_alloc;
-[ RECORD 1 ]------+------
checkpoints_timed   | 48152
checkpoints_req     | 12
buffers_checkpoint  | 1147
buffers_clean       | 0
maxwritten_clean    | 0
buffers_backend     | 194
buffers_alloc       | 1241
```

与 background writer 进程相关的参数有：

- bgwriter_delay：background writer 进程连续两次刷新数据之间的时间间隔。默认值是 200，单位是 ms。

- bgwriter_lru_maxpages：background writer 进程每次写的最大数据量，默认值是 100，单位是 buffers。如果脏数据量小于该数值，写操作全部由 background writer 进程完成；反之，大于该值时，大于的部分将由 server process 进程完成。设置该值为 0 时表示禁用 background writer 进程，完全由 server process 来完成；设置该值为 -1 时表示所有脏数据都由 background writer 来完成（这里不包括 checkpoint 操作）。

- bgwriter_lru_multiplier：此参数指示了每次写入磁盘的数据块数。当然，该值必须小于 bgwriter_lru_maxpages。如果此值设置得过小，需要写入的脏数据量大于每次写入的数据量，剩下的写入磁盘工作就需要 server process 来完成，这将会降低性能；如果此值设置得太大，此时写入的脏数据量就会超过所需的缓冲区数量，这虽然便于以后再次使用缓冲区工作，但同时可能会出现 I/O 浪费。这个参数的默认值是 2.0。BgWriter 的最大数据量计算方法如下。

    最大数据量 =1000/bgwriter_delay×bgwriter_lru_maxpages×8kB

- bgwriter_flush_after：当数据页大小达到此参数设置值时触发 BgWriter，默认值为 512kB。

注意：background writer 进程和 checkpoint 进程对于 I/O 的影响如下。

PostgreSQL 中脏数据的写入不仅仅由 background writer 参数决定，checkpoint 也对脏数据的写入进行了控制。

background writer 进程的时间间隔以 ms 计算，而 checkpoint 的时间间隔相对要长得多。所以 BgWriter 更像是在 checkpoint 的周期内完成脏数据的写入。所以 BgWriter 进程如果能够实现周期均匀、数据量合适地写入数据，减少 I/O 的次数，那么对 checkpoint 也能够减轻压力，减少集中写入操作，使 I/O 负载趋于稳定。

在 9.1 或更早的版本中，background writer 进程与 checkpoint 进程本是一体，background writer 会定期执行 checkpoint 操作。但是随着数据库处理场景的复杂度增加和对性能的考虑，在 9.2 版本中，checkpoint 进程已经从 background write 进程中分离出来。

2.4.4　walwriter/walreceiver 事务日志进程

walwriter 进程叫事务日志写进程。为保证数据的持久性和完整性，当事务提交后，修改后的数据会立即更新到磁盘。但频繁读写磁盘会影响数据库的性能，而 walwriter 进程则可以避免这种情况。PostgreSQL 的 WAL 机制在写数据过程中，把相应的事务日志先写入缓存（buffer），然后再更新至磁盘（disk）。预写式日志（Write Ahead Log，WAL）也称为 Xlog。其核心意义是对数据文件的修改，这些修改只能发生在数据已经记录到日志之后，也就是说先写日志，后写数据。

walwriter 是 PostgreSQL 主库上的 WAL 写入进程，定期将 WAL 记录从内存刷入磁盘；walreceiver 则是备库上的 WAL 接收进程，在流复制模式下从主库获取 WAL 日志并写入本地 pg_wal/，确保数据同步和高可用。

与 walwriter/walreceiver 进程相关的参数有：

- wal_level：指定 WAL 存储的级别。wal_level 决定有多少信息被写入到 WAL 中。默认值是 minimal（最小的），即只写入从崩溃或立即关机时恢复的所需信息。可选值为 replica，增加 WAL 归档信息的同时还包括只读服务器需要的信息（在 PostgreSQL 9.6 中新增，将之前版本的 archive 和 hot_standby 合并）。

- fsync：直接控制日志是否先写入磁盘。默认值是 ON（先写入），表示更新数据写入磁盘时系统必须等待 WAL 写入完成。可以设置该参数为 OFF，表示更新数据写入磁盘时完全不用等待 WAL 写入完成。

- synchronous_commit：指定是否等待 WAL 完成后才返回用户事务的状态信息。默认值是 ON，表明必须等待 WAL 完成后才返回事务状态信息；设置成 OFF 能够更快地反馈事务状态。

- wal_sync_method：指定 WAL 写入磁盘的方式。默认值是 fsync，其他可选值包括 open_datasync、fdatasync、fsync_writethrough、fsync 和 open_sync。其中，open_datasync 和 open_sync 分别表示在打开 WAL 文件时使用 O_DSYNC 和 O_SYNC 标志；fdatasync 和 fsync 分别表示在每次提交时调用 fdatasync 和 fsync 函数进行数据写入，这两个函数都是把操作系统的磁盘缓存写回磁盘，但前者只写入文件的数据部分，而后者还会同步更新文件的属性；fsync_writethrough 表示在每次提交并写回磁盘时保证操作系统磁盘缓存和内存中的内容一致。

- full_page_writes：表明是否将整个数据页写入 WAL。

- wal_buffers：指定用于存放 WAL 日志数据的内存空间大小，系统默认值是 64kB，该参数还受 wal_writer_delay、commit_delay 两个参数的影响。

- wal_writer_delay：指定 walwriter 进程的写间隔时间。默认值是 200 ms，如果时间过长可能造成 WAL 缓冲区的内存不足；时间过短将会引起 WAL 日志的不断写入，增加磁盘 I/O 负担。

- commit_delay：指定一个已经提交的数据在 WAL 缓冲区中存放的时间。默认值是 0 ms，表示不用延迟；设置为非 0 值时表示事务执行 commit 后不会立即写入 WAL 中，而是仍存放在 WAL 缓冲区中，等待 walwriter 进程周期性地写入磁盘。

- commit_siblings：表示当一个事务发出提交请求时，如果数据库中正在执行的事务数量大于 commit_siblings 值，则该事务将等待一段时间（commit_delay 的值）；否则该事务直接写入 WAL。系统默认值是 5，此参数还决定了 commit_delay 的有效性。

● wal_writer_flush_after：指定当脏数据超过阈值时，会被写入磁盘。

2.4.5　自动清理进程

autovacuum launcher 是自动清理进程，用来回收被标识为删除状态记录的空间，并更新统计信息，进而提高数据库性能，避免数据库膨胀。

与 autovacuum launcher 进程相关的参数有：

● autovacuum：是否启动系统自动清理功能，默认值为 on。

● log_autovacuum_min_duration：指定记录 autovacuum launcher 的执行时间，当执行时间超过此参数设置值时，则 autovacuum launcher 信息记录到日志里。默认值为 −1，表示不记录。

● autovacuum_max_workers：设置系统自动清理工作进程的最大数量。

● autovacuum_naptime：设置两次系统自动清理操作之间的时间间隔。

● autovacuum_vacuum_threshold 和 autovacuum_analyze_threshold：设置当表中被更新的元组数的阈值超过这些阈值时分别需要执行 vacuum 和 analyze。

● autovacuum_vacuum_scale_factor 和 autovacuum_analyze_scale_factor：设置表大小的缩放系数。

● autovacuum_freeze_max_age：设置需要强制对数据库进行清理的 XID 上限值。

● autovacuum_vacuum_cost_delay：设置一个延迟时间。当 autovacuum launcher 进程即将执行时，对 vacuum 执行 cost 进行评估，如果超过 autovacuum_vacuum_cost_limit 设置值时，则延迟，这个延迟的时间即 autovacuum_vacuum_cost_delay 的设置值。如果设置值为 −1，表示使用 vacuum_cost_delay 的值，默认值为 20 ms。

● autovacuum_vacuum_cost_limit：设置 autovacuum launcher 进程的评估阈值，默认值为 −1，表示使用 vacuum_cost_limit 的值。如果在执行 autovacuum launcher 进程期间评估的 cost 超过 autovacuum_vacuum_cost_limit 的设置值，则 autovacuum launcher 进程会休眠。

2.4.6 统计信息收集进程

stats collector 是统计信息收集进程，负责收集有关数据库的统计信息。可以通过以 pg_stat 开头的视图查看统计信息，如 pg_stat_database 记录数据库的历史情况；pg_stat_user_tables 记录表的全表扫描、删除更新情况，以及表中垃圾数据量；pg_stat_user_indexes 记录频繁使用的索引和无效索引。

与 stats collector 进程相关的参数有：

- track_activities：指定对会话中当前执行的命令是否开启统计信息收集功能。此参数只对超级用户和会话所有者可见，默认值为 on（开启）。

- track_counts：指定对数据库活动是否开启统计信息收集功能。由于在 autovacuum launcher 进程中选择清理的数据库时，需要数据库的统计信息，因此参数默认值为 on。

- track_io_timing：设置是否定时调用数据块 I/O。默认值是 off，因为设置为开启状态会反复调用数据库时间，这给数据库增加了很多开销。只有超级用户可以设置。

- track_functions：设置是否开启函数的调用次数和调用耗时统计。

- track_activity_query_size：设置用于跟踪每一个活动会话的当前执行命令的字节数，默认值为 1024。只能在数据库启动后设置。

- stats_temp_directory：设置统计信息的临时存储路径。路径可以是相对路径或者绝对路径，参数默认为 pg_stat_tmp。设置此参数可以减少数据库的物理 I/O，提高性能。此参数只能在 postgresql.conf 文件或者服务器命令行中修改。

2.4.7 错误日志进程

sysLogger collector 是错误日志进程，该进程用于日志记录，把 PostgreSQL 的活动状态写入日志文件（并非事务日志）。

日志信息是数据库管理员获取数据库系统运行状态的有效手段。在数据库出现故障时，日志信息是非常有用的。把数据库日志信息集中输出到一个位置将为管理员维护数据库系统提供极大便利。然而，日志输出将产生大量数据（特别是在比较高的调试级别上），单文件保存时不利于日志文件的操作。因此，在 sysLogger 的配置选项中可以设置日志文件的大小，sysLogger 会在日志文件达到指定的大小时关闭当前日志文件，产生新的日志文件，这叫作日志轮换（rotate）。

与 sysLogger collector 进程相关的参数有：

- log_destination：设置日志输出目标。根据不同的运行平台可设置不同的值，Linux 下默认值为 stderr。

- logging_collector：设置是否开启日志收集器。当设置为 on 时启动日志功能；否则，系统将不产生系统日志辅助进程。

- log_directory：设置日志输出文件夹。

- log_filename：设置日志文件名称命名规则。

- log_rotation_size：设置日志文件大小。当前日志文件达到这个大小时会被关闭，然后创建一个新的文件来作为当前日志文件。

但是，日志收集器有一个缺点，即一旦开启就会收集所有符合要求的日志。无法根据实际审计需求，指定需要审计的对象。因此 pgAudit 项目组开发了一个独立的审计插件 pgAudit，能够由管理员通过插件自行定义管理审计对象。

pgAudit 审计插件提供了会话审计和对象审计两种功能，其中：

- 会话审计功能和日志收集器功能类似，可针对特定类型的操作进行日志记录，其审计对象为数据库全局。其主要参数为 pgaudit.log。

- 对象审计功能可以对特定审计对象的特定操作进行日志记录。对于 pgAudit 而言，对象审计由一个特殊的"审计角色"来实现。配置审计功能时，通过 pgaudit.role 参数绑定一个特殊的角色，之后 pgAudit 会针对该角色所拥有的所有对象权限进行审计。

第 3 章
PostgreSQL 的安装

PostgreSQL 可以安装在 Linux、MacOS、Windows、BSD 以及 Solaris 操作系统中，可通过官网下载或扫描本书二维码获取下载链接。本章仅介绍 PostgreSQL 在 Windows 系统、Linux 系统和 MacOS 系统中的安装方法。在 PostgreSQL 10.5 版以后，因其编译简单且只提供源码，故读者可以自行编译和安装。PostgteSQL 17 版在 2024 年 9 月 26 日上线发布，截至 2024 年 12 月 19 日，PostgreSQL 17.2 版本已经发布。本章以 PostgreSQL 17.X 版为例。

3.1 在 Windows（64 位）中安装 PostgreSQL

在 Windows（64 位）中安装 PostgreSQL 时须下载对应版本的数据库安装包。从 PostgreSQL 11 版开始，其 Windows 安装版仅支持 64 位计算机；对于 32 位计算机，仅能安装 PostgreSQL 10 及以下版本。下载界面如图 3-1 所示。本节以 Windows 版的 PostgreSQL 17.X 版为例进行讲解。

PostgreSQL Version	Linux x86-64	Linux x86-32	Mac OS X	Windows x86-64	Windows x86-32
17.2	postgresql.org	postgresql.org			Not supported
16.6	postgresql.org	postgresql.org			Not supported
15.10	postgresql.org	postgresql.org			Not supported
14.15	postgresql.org	postgresql.org			Not supported
13.18	postgresql.org	postgresql.org			Not supported
12.22	postgresql.org	postgresql.org			Not supported
9.6.24*					

图 3-1　下载安装文件界面

具体安装步骤如下。

（1）下载安装文件后，双击下载的安装文件，如图 3-2 所示，开始安装。

图 3-2　安装文件

（2）启动安装向导，如图 3-3 所示。

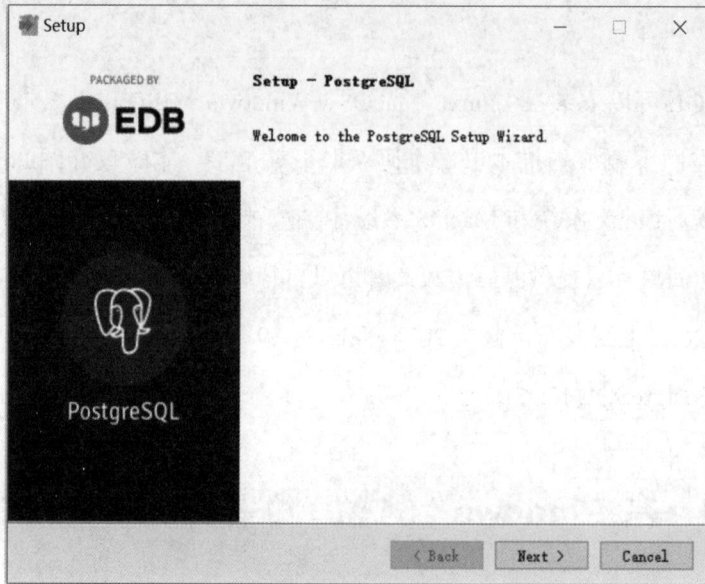

图 3-3　安装向导

（3）选择软件安装路径，如图 3-4 所示。

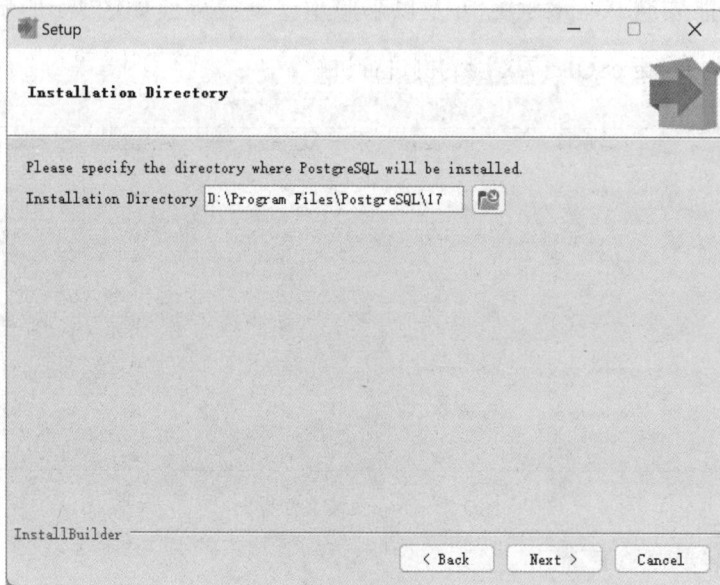

图 3-4　软件安装路径

（4）选择要安装的模块，如图 3-5 所示。

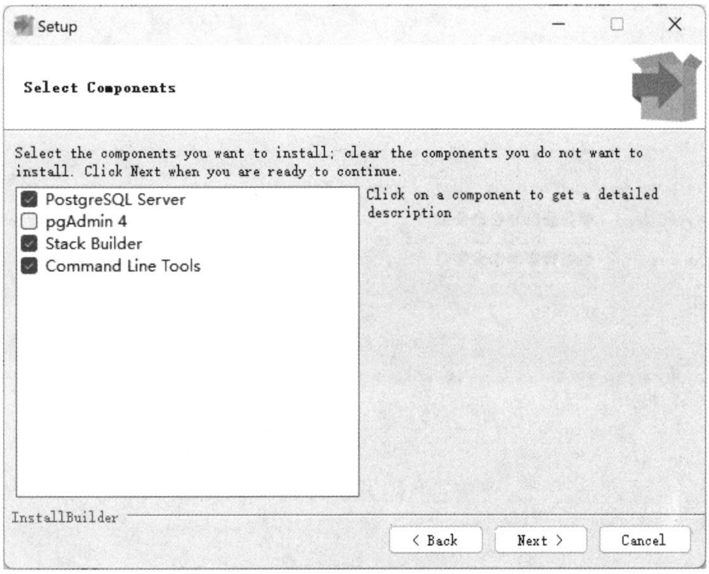

图 3-5　选择安装模块

选择需要安装的模块，即 PostgreSQL Server、Stack Builder 和 Command Line Tools。由于本版本自带 pgAdmin 4 安装包，可以不选择 pgAdmin 4 模块。（在实验过程中发现该版本自带的 pgAdmin 4 初始化存在问题，读者可以参考后续章节的讲解下载 pgAdmin 单独安装。）

（5）设置数据文件路径，如图 3-6 所示。

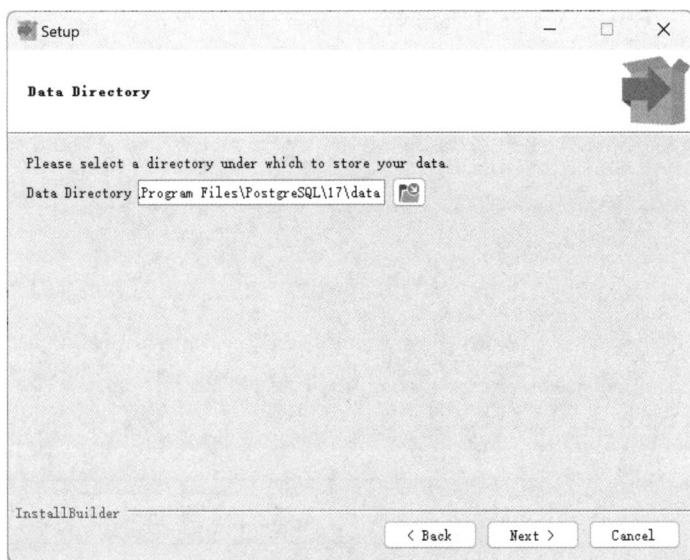

图 3-6　设置数据文件路径

（6）设置数据库用户（postgres）的密码，如图 3-7 所示。

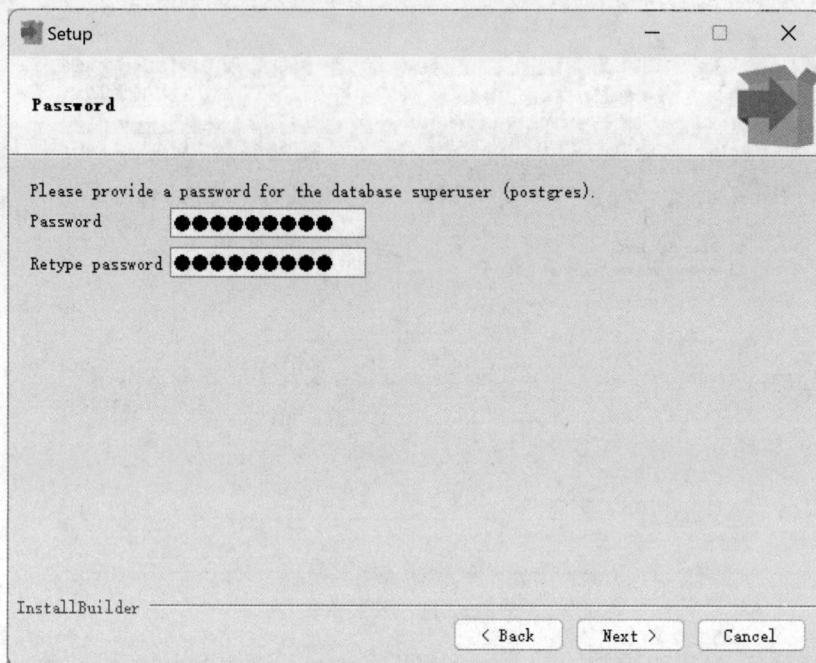

图 3-7　设置密码

（7）设置端口号，如图 3-8 所示。

图 3-8　设置端口号

（8）选择地域，如图 3-9 所示。

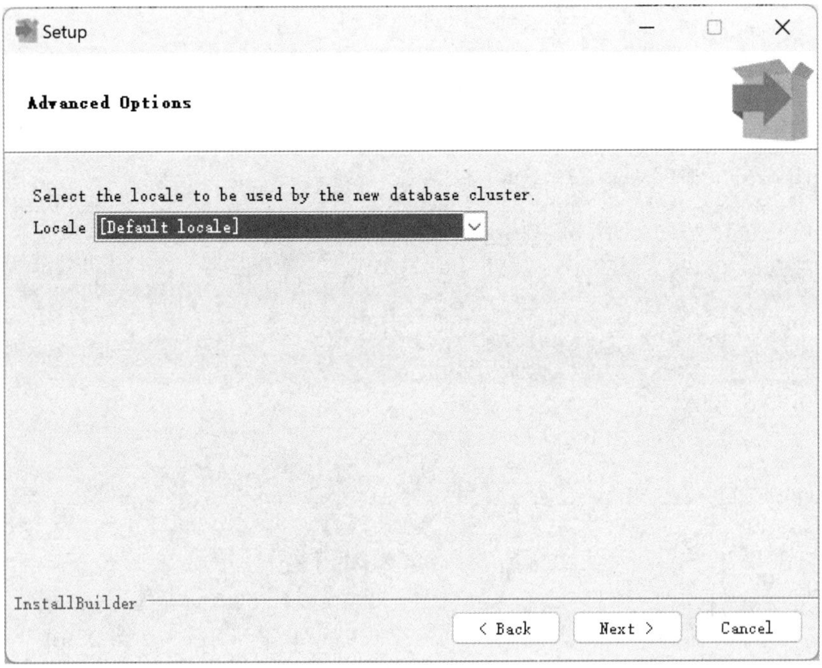

图 3-9　选择地域

（9）安装前的信息汇总，如图 3-10 所示。

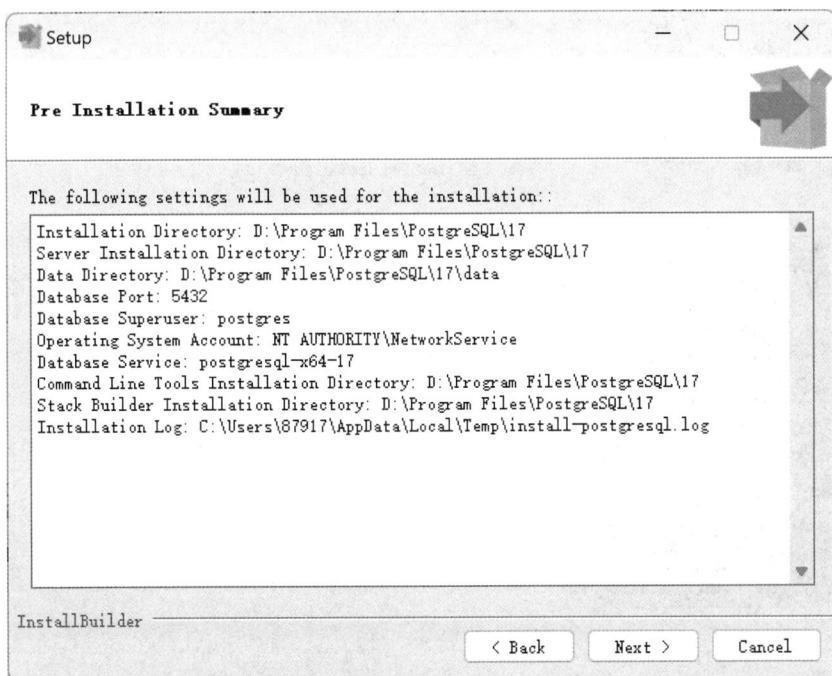

图 3-10　安装信息汇总

（10）开始安装，如图 3-11 所示。

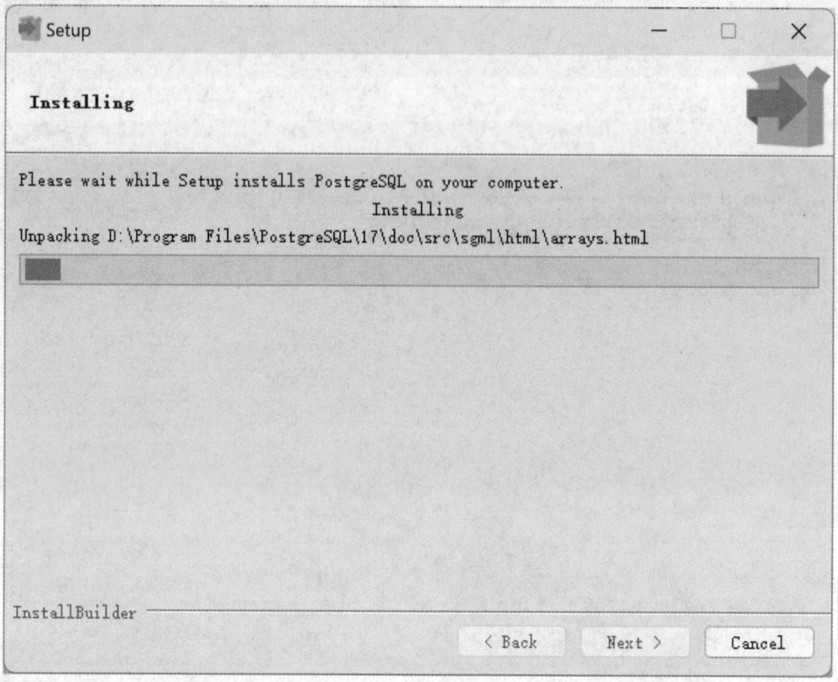

图 3-11　正在安装

（11）单击 Finish 按钮完成整个安装过程，如图 3-12 所示。

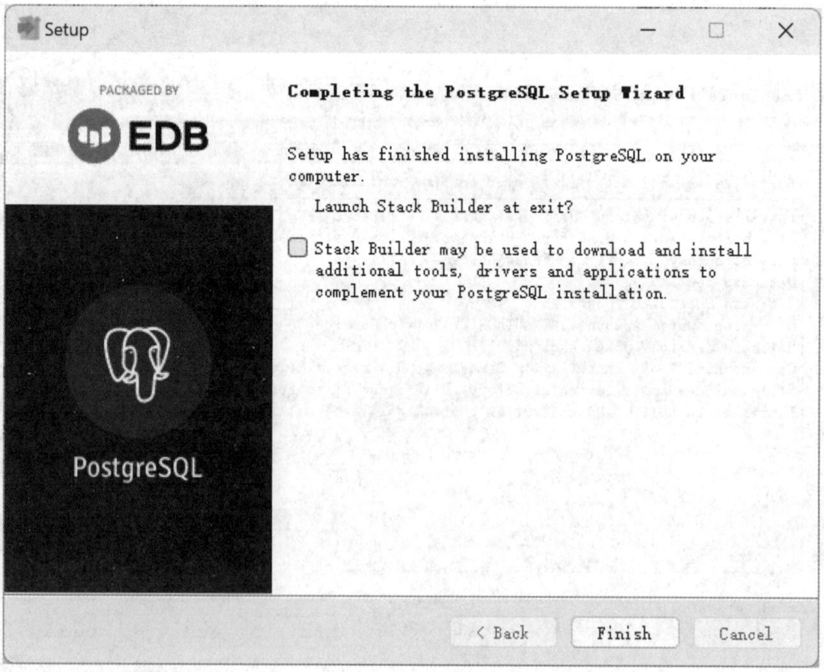

图 3-12　安装完成

（12）打开终端。默认情况下，PostgreSQL 安装完成后，自带了一个命令行工具 SQL Shell（psql），找到并点击进入其界面。有两种方式启动 SQL Shell：一是在 PostgreSQL 安装目录的 scripts 目录下运行 runpsql.bat；二是在 Windows 桌面的左下角搜索框中搜索关键词"SQL Shell"（本例使用的操作系统是 Windows 10），如图 3-13 所示。

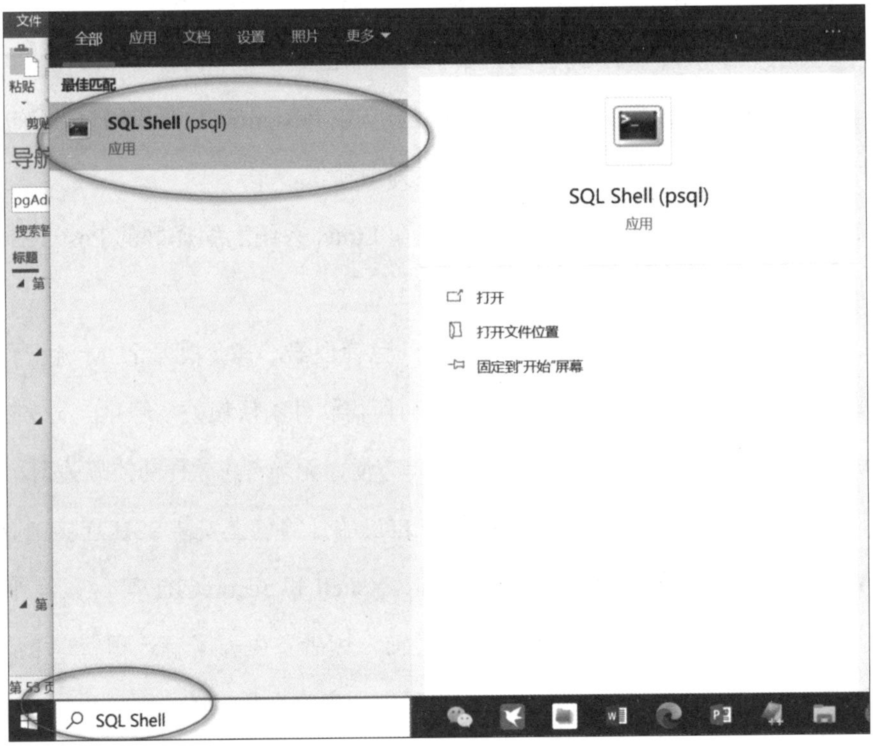

图 3-13　SQL Shell（psgl）

（13）登录数据库。进入 SQL shell（psgl）界面，如图 3-14 所示，其中的几个选项读者可以自行输入，也可以使用默认值，密码为在安装过程中设置的密码。

```
Server [localhost]:
Database [postgres]:
Port [5432]:
Username [postgres]:
用户 postgres 的口令：

psql (17.2)
输入 "help" 来获取帮助信息.

postgres=#
```

图 3-14　登录数据库

至此完成了在 Windows 系统中 PostgreSQL 的整个安装过程，并且 PostgreSQL 已成功启动。

3.2　在 Linux 中安装 PostgreSQL

PostgreSQL 数据库在 Linux 操作系统中有如下三种安装方式。

（1）源代码安装。顾名思义，源代码安装就是根据软件的源代码，在本机上自行编译后安装软件的方式。可以直接在官网上下载 PostgreSQL 源代码包，通过解压获得源代码。源代码安装方式的安装步骤较为烦琐。

（2）RPM 安装包。RPM 安装包是预先在 Linux 系统上编译好的 PostgreSQL 二进制包。使用 RPM 安装包进行安装非常快捷。

（3）YUM 安装。YUM 是 Linux 下常用的包管理器，其会根据 YUM 源配置文件中的镜像位置自动下载安装包，可以自动分析所需软件的依赖关系，并自动安装所需的依赖软件包。此方式适合初学者，操作简单方便，无须考虑软件的依赖关系。

工欲善其事，必先利其器。首先需要在自己的计算机上安装 SSH 连接工具——PuTTY，也可使用其他工具，如 FinalShell、Xshell 和 SecureCRT 等。在详细讲解 Linux 操作系统中安装 PostgreSQL 的方法之前，读者首先要了解远程管理 Linux 的工具和简单命令的用法。Linux 入门知识也是数据库管理的基础。

3.2.1　基础准备

1. Linux 远程管理工具

PuTTY 和 SecureCRT 都是强大的 Linux 远程管理工具，本书以 PuTTY 为例。首先下载安装包（通过其官网或扫描本书二维码获取下载链接），如图 3-15 所示，然后根据图形界面进行安装即可。

安装成功后，通过 PuTTY 远程管理 Linux 操作系统。打开 PuTTY 界面，在 Host Name 输入框中输入 IP 地址，在 Port 输入框中输入服务器端口号（不是 pg 的端口号），单击 Open 按钮，如图 3-16 所示，输入操作系统用户名和密码后即可登录服务器。

图 3-15 PuTTY 安装包下载页面

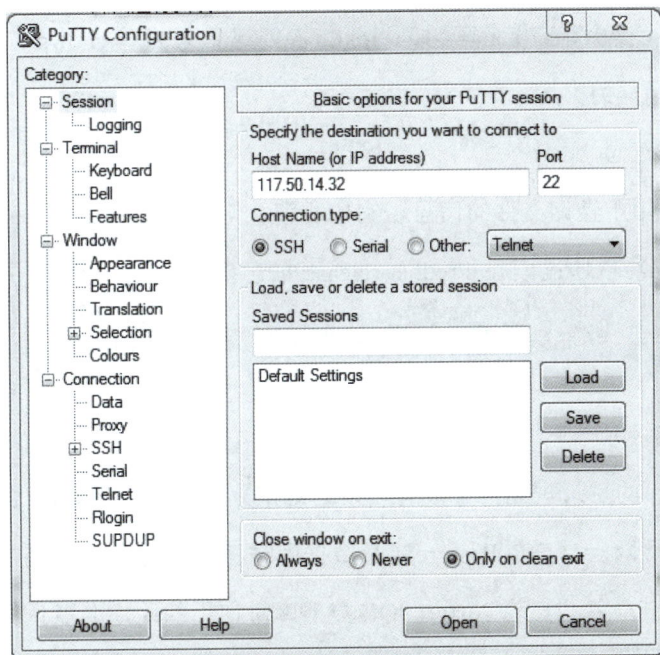

图 3-16 PuTTY 登录窗口

2. 文件上传工具

接下来介绍利用免费开源工具 FileZilla 把安装文件上传至 Linux 服务器，以及从 Linux 服务器下载文件的方法。FileZilla 客户端版是一个方便且高效的 FTP 客户端工具，下载安装文件的地址是 https://www.filezilla.cn/download。

FileZilla 安装成功后，启动 FileZilla 程序，输入主机名、用户名、密码和端口号，连接服务器。在界面左侧窗格选择本地待上传文件，在右侧窗格打开相应的

Linux 目录，拖拽文件至 Linux 服务器即可完成上传。将右侧窗格中的 Linux 文件（登录用户名有读权限）直接拖拽至左侧目录即可完成文件下载，如图 3-17 所示。

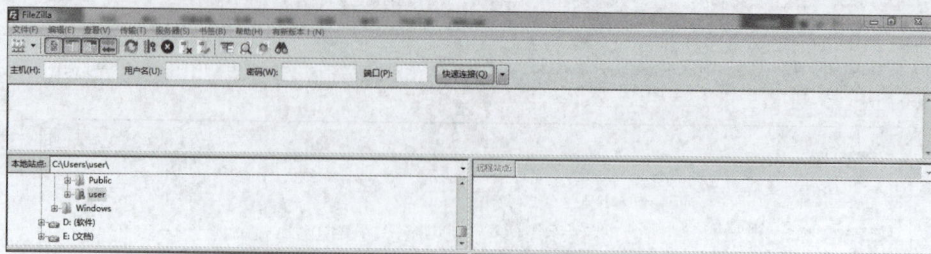

图 3-17　FilleZilla 连接 Linux 服务器界面

3. Linux 常用命令简介

常用的 Linux 命令包括：cat（查文件信息）、vi（编辑文件）、useradd（增加安装用户）、passwd（设置登录密码）、mkdir（创建目录）和 chown（更改文件或目录的所有者和所属组）等。

1）查文件信息

cat 命令可用于查询文件的信息，例如要查看使用的 Linux 的版本（笔者使用的是 CentOS 8），可以通过读 /etc/redhat-release 来查看。

```
[root@10-9-105-16 home]# cat /etc/redhat-release
CentOS 8
```

2）增加安装用户

对于数据库的目录规划，并没有严格的规定，但是在生产环境中，建议将数据目录放在高速硬盘上。安装 PostgreSQL 数据库时，建议使用 postgres 为用户名，也可以使用其他用户名。安装 PostgreSQL 数据库时使用的用户名默认为超级用户名。使用 useradd 命令增加其他用户作为安装用户的示例如下。

```
useradd postgres
```

上述命令既可以增加用户 postgres 作为安装用户，也可以新增其他用户作为安装用户。

3）设置登录密码

使用 passwd 命令为用户设置登录密码的示例如下所示。

```
passwd postgres
```

上述命令用于设置用户操作系统的登录密码。

4）编辑文件

使用 vi 命令可以编辑文件，例如如果需要新增用户具有 sudo 权限，可利用 root 用户编辑 /etc/sudoers 文件，如下例所示。

```
vi /etc/sudoers
```

再如，如果允许用户 postgres 执行 sudo 命令（需要输入密码），则可以在文件中添加如下内容：

```
postgres    ALL=（ALL）                    ALL
```

增加上述命令后的文件如图 3-18 所示。

```
## Allow root to run any commands anywhere
root     ALL=(ALL)        ALL
##add for postgres
postgres  ALL=(ALL)       ALL
```

图 3-18　sudo 权限授权

5）创建目录

可使用 mkdir 命令来创建需要的目录。下面所示是两个使用 mkdir 命令创建目录的实例。

```
mkdir tools            ##在当前目录下创建一个名为tools的目录
mkdir /bin/tools       ##在指定目录下创建一个名为tools的目录
```

6）文件授权

可以使用 chmod [-R] 更改文件或目录的访问权限（读、写、执行），其中 -R（大写）表示连同子目录中的所有文件都修改成设定的权限。

权限包括 rwx，代表的含义分别为 r 表示可读（read）、w 表示可写（write）、x 表示可执行（execute）。比如：

```
chmod u=rwx,g=rx,o=x hello.txt
```

权限的另一种表达方式是数字表示法，即使用数字来表示文件的读、写和执行权限，其中：

- r（读）= 4；
- w（写）= 2；
- x（执行）= 1。

每个数字对应一个用户类别的权限设置：

● 第一个数字代表文件所有者的权限；

● 第二个数字代表同组用户的权限；

● 第三个数字代表其他用户的权限。

例如，chmod 751 123.txt 表示将 123.txt 文件的权限设置为：

● 所有者（user）有读、写、执行权限（rwx，即 7）；

● 同组用户（group）有读、执行权限（r-x，即 5）；

● 其他用户（others）只有执行权限（--x，即 1）。

3.2.2 安装环境

本例安装环境如下所示。

服务器 IP：117.50.14.32；

操作系统：CentOS；

数据库软件：PostgreSQL17.2。

PostgreSQL 安装方式、安装包及下载地址如表 3-1 所示。

表 3-1 PostgreSQL 安装方式、安装包及下载地址

安装方式	安装包名称	下载地址
源代码安装	postgresql-17.2.tar.bz2	通过软件官网或扫描本书二维码获取下载链接
YUM 安装	pgdg-redhat-repo-latest.noarch	通过软件官网或扫描本书二维码获取下载链接
RPM 安装包	postgresql-server postgresql-contrib postgresql-libs postgresql 17	通过软件官网或扫描本书二维码获取下载链接

3.2.3 源代码安装

本书介绍的源代码安装方式采用的操作系统为 CentOS 8.X，数据库采用的是
PostgreSQL 17.2。

1. 获取安装包

如果 Linux 服务器可以连接互联网，可以通过 wget 命令在地址中找到相应的源代码包，然后下载。

```
[root@10-9-105-16 home]# mkdir -p /home/soft
[root@10-9-105-16 home]# cd /home/soft/
[root@10-9-105-16 soft]# wget
https://...
```

执行过程如图 3-19 所示。

```
[root@10-9-105-16 soft]# wget https://ftp.postgresql.org/pub/latest/postgresql-17.2.tar.bz2
--2024-12-19 13:18:14--  https://ftp.postgresql.org/pub/latest/postgresql-17.2.tar.bz2
正在解析主机 ftp.postgresql.org (ftp.postgresql.org)... 87.238.57.227, 72.32.157.246, 147.75.85.69, ...
正在连接 ftp.postgresql.org (ftp.postgresql.org)|87.238.57.227|:443... 已连接。
已发出 HTTP 请求，正在等待回应... 200 OK
长度：21408880 (20M) [application/octet-stream]
正在保存至："postgresql-17.2.tar.bz2"

100%[===================================================================>] 21,408,880   828KB/s 用时 42s

2024-12-19 13:18:59 (495 KB/s) - 已保存 "postgresql-17.2.tar.bz2" [21408880/21408880])
```

图 3-19　通过 wget 命令获取 PostgreSQL 源代码包

如果服务器无法连接互联网，可以预先下载 postgresql 安装包后，再通过 FileZilla 上传源代码安装包至 Linux 目录，如图 3-20 所示。

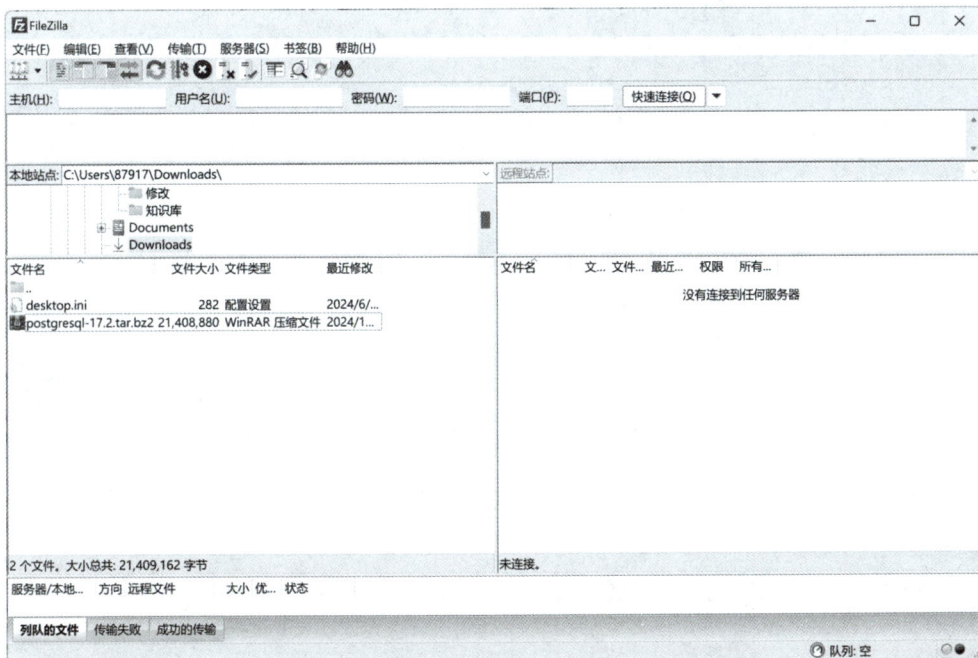

图 3-20　FileZilla 上传 PostgreSQL 安装包

2. 解压文件

通过 cd 命令打开安装文件所在目录，利用 ls 命令查看目录内文件名，然后利用 tar 命令解压该文件。解压过程如下。

```
[root@10-9-105-16 soft]# cd /home/soft
[root@10-9-105-16 soft]# ls
postgresql-17.2.tar.bz2
[root@10-9-105-16 soft]# tar xjvf postgresql-17.2.tar.bz2
[root@10-9-105-16 soft]# ls
postgresql-17.2  postgresql-17.2.tar.bz2
```

其中，postgresql-17.2 是解压生成的目录。

3. 进入目录

通过 cd 命令进入之前解压生成的目录，如下所示。

```
[root@10-9-105-16 soft]# cd postgresql-17.2
[root@10-9-105-16 postgresql-17.2]#ll
总用量 820
-rw-rw-r--.  1 root root    365 11月 19 04:32 aclocal.m4
drwxrwxr-x.  2 root root   4096 11月 19 04:32 config
-rwxrwxr-x.  1 root root 578504 11月 19 04:32 configure
-rw-rw-r--.  1 root root  88218 11月 19 04:32 configure.ac
drwxrwxr-x. 59 root root   4096 11月 19 04:32 contrib
-rw-rw-r--.  1 root root   1192 11月 19 04:32 COPYRIGHT
drwxrwxr-x.  3 root root     87 11月 19 04:32 doc
-rw-rw-r--.  1 root root   4176 11月 19 04:32 GNUmakefile.in
-rw-rw-r--.  1 root root    277 11月 19 04:32 HISTORY
-rw-rw-r--.  1 root root   1822 11月 19 04:32 Makefile
-rw-rw-r--.  1 root root 115220 11月 19 04:32 meson.build
-rw-rw-r--.  1 root root   6484 11月 19 04:32 meson_options.txt
-rw-rw-r--.  1 root root    983 11月 19 04:32 README.md
drwxrwxr-x. 16 root root   4096 11月 19 04:32 src
```

4. 配置

开始安装。拟安装 PostgreSQL 至 /pgccc/pgdata。安装用户在此目录下要有读写权限。

参考命令：./configure --prefix=/pgccc/pgdata --without-readline --without-icu

```
[root@10-9-105-16 postgresql-17.2]# cd /home/soft/postgresql-17.2
[root@10-9-105-16 postgresql-17.2]# ./configure --prefix=/pgccc/
pgdata   --without-readline   --without-icu
```

使用 configure 命令时，在安装 PostgreSQL 前会自动进行安装依赖检查，相关信息会记录到文件 config.log 中。此文件可以通过命令 cat config.log 查看内容。如果发现如下报错信息 configure: error: zlib library not found，则通过 yum install zlib-devel 进行安装，如下所示。

```
[root@10-9-105-16 postgresql-17.2]# yum install zlib-devel
......
Installed:
  zlib-devel.x86_64 0:1.2.7-19.el7_9


Complete!
```

再次通过 ./configure 验证前序依赖，无报错，说明已安装完编译安装 PostgreSQL 所需要的依赖。

5. 编译源代码

参考命令：make world

该过程耗时几分钟，请耐心等待。

```
[root@10-9-105-16 postgresql-17.2]# make world
......
make[2]: Leaving directory '/home/soft/postgresql-17.2/contrib/
vacuumlo'
make[1]: Leaving directory '/home/soft/postgresql-17.2/contrib'
```

6. 安装文件

参考命令：make install-world

命令执行后，PostgreSQL 安装好的文件已经放在 /pgccc/pgdata 目录下。目前该目录属于 root 用户，通过 chown 命令把此目录授权给 postgres 用户。

```
[root@10-9-105-16 postgresql-17.2]# make install-world
......
make[2]: Leaving directory '/home/soft/postgresql-17.2/contrib/
vacuumlo'
```

```
make[1]: Leaving directory '/home/soft/postgresql-17.2/contrib'
```

7. 创建 OS 用户

执行 adduser postgres 命令增加新用户，系统提示要给定新用户密码，如下所示。

```
[root@10-9-105-16 postgresql-17.2]# adduser postgres
[root@10-9-105-16 postgresql-17.2]# passwd postgres
```

8. 创建数据文件目录并授权

创建数据文件目录并授权给 postgres 用户，如下所示。

```
[root@10-9-105-16 postgresql-17.2]# mkdir -p /pgccc/data
[root@10-9-105-16 postgresql-17.2]# chown -R postgres:postgres /
pgccc/data
[root@10-9-105-16 postgresql-17.2]# chown -R postgres:postgres /
pgccc/pgdata
```

9. 初始化数据库

切换至 postgres 用户后初始化数据库，如下所示。

```
[root@10-9-105-16 pgccc]# su - postgres
[postgres@10-9-105-16 pgdata]$ /pgccc/pgdata/bin/initdb -D /pgccc/
data
......
Success. You can now start the database server using:
/pgccc/pgdata/bin/pg_ctl -D /pgccc/data -l logfile start
```

接下来确认初始化数据目录 /pgccc/data 为空目录，否则会报错。初始化成功后，查看 /pgccc/data 目录中已存在的 PostgreSQL 相关文件，如日志、参数文件等，因为经过初始化操作后才会在目录 /pgccc/data 下生成一些文件。

10. 启动数据库

启动数据库使用的命令如下所示。

```
[postgres@10-9-105-16 data]$ /pgccc/pgdata/bin/pg_ctl -D /pgccc/
data -l logfile start
waiting for server to start... done
server started
```

启动成功后会出现 server started 提示。通过 ps 命令查看 postgres 进程，确认数据库启动成功，如图 3-21 所示。

```
[postgres@10-9-105-16 data]$ ps -ef|grep postgres
```

```
[postgres@10-9-105-16 pgdata]$ ps -ef|grep postgres
root       36622  24421  0 13:35 pts/1    00:00:00 su - postgres
postgres   36623  36622  0 13:35 pts/1    00:00:00 -bash
postgres   36658      1  0 13:37 ?        00:00:00 /pgccc/pgdata/bin/postgres -D /pgccc/data
postgres   36659  36658  0 13:37 ?        00:00:00 postgres: checkpointer
postgres   36660  36658  0 13:37 ?        00:00:00 postgres: background writer
postgres   36662  36658  0 13:37 ?        00:00:00 postgres: walwriter
postgres   36663  36658  0 13:37 ?        00:00:00 postgres: autovacuum launcher
postgres   36664  36658  0 13:37 ?        00:00:00 postgres: logical replication launcher
postgres   36665  36623  0 13:37 pts/1    00:00:00 ps -ef
postgres   36666  36623  0 13:37 pts/1    00:00:00 grep --color=auto postgres
```

图 3-21　PostgreSQL 启动后展示进程

11. 通过 createdb 创建测试数据库 pgccc

通过 PostgreSQL 初始化目录下生成的 bin 目录里的 createdb 命令来创建名为 pgccc 的测试数据库，如下例所示。

```
[postgres@10-9-105-16 bin]$ /pgccc/pgdata/bin/createdb pgccc
```

12. 通过 psql 连接数据库

通过 PostgreSQL 初始化目录下生成的 bin 目录里的 psql 命令连接数据库，如下例所示。

```
[postgres@10-9-105-16 bin]$ /pgccc/pgdata/bin/psql pgccc
psql (17.2)
Type "help" for help.


pgccc=#
```

登录数据库成功，PostgreSQL 安装结束。

使用源代码安装 PostgreSQL 的好处是：

（1）可以定制化地设置自己想要的参数。

● 设置段大小，以 GB 计。大型的表会被分解成多个操作系统文件，每一个文件的大小等于段大小。这避免了与操作系统对文件大小限制相关的问题。默认的段大小（1GB）在所有支持的平台上都是安全的。如果用户的操作系统提供对大文件（largefile）的支持（如今大部分系统都支持），就可以使用一个更大的段大小来减少表消耗的文件描述符数目，但是要当心，不能选择一个超过将使用的平台和文件系统所支持大小的值。你可能希望使用的其他工具（如 tar）也可以对可用文件大小设限。如非绝对必要，推荐这个值应设为 2 的幂。

```
--with-segsize=SEGSIZE
```

- 设置块大小，以 kB 计。这是表内存储和 I/O 的单位。默认值（8kB）适用于大多数情况，但是在特殊情况下可能其他值更有用。这个值必须是 2 的幂，并且范围在 1~32kB。

```
--with-blocksize=BLOCKSIIE
```

- 设置 WAL 段大小，以 MB 计。这是 WAL 日志中每一个独立文件的大小。调整这个值来控制传送 WAL 日志的粒度非常有用。默认大小为 16 MB。这个值必须是 2 的幂，并且范围在 1~64 MB。

```
--with-wal-segsize=SEGSIZE
```

- 设置 WAL 块大小，以 kB 计。这是 WAL 日志存储和 I/O 的单位。默认值（8kB）适用于大多数情况，但是在特殊情况下其他值更有用。这个值必须是 2 的幂，并且范围在 1~64kB。

```
--with-wal-blocksize=BLOCKSIZE
```

（2）添加命令或操作需要的依赖包。

添加命令或操作需要的依赖包，如下所示。

```
--with-lz4--with-llvm--with-python--with-perl--with-openssl
```

（3）可以学习、分析 YUM 和 RPM 安装包。

使用 RPM 安装包中的安装程序时默认固定了 --prefix、unix_socket_directories 等参数，这在日常使用时感受不大，但是在需要进行故障排除和维护时，这些细节就变得非常重要了。对于管理员而言，他们需要仔细了解这些参数的默认设置，以确保正确的故障排除和修复。如果这些默认设置不合适或者不便于管理，管理员可以通过重新配置这些参数来提高 PostgreSQL 系统的可管理性和健壮性。因此，了解这些细节对于提升故障排除能力是非常重要的。

3.2.4　YUM 安装

1. 安装前的准备

通过 YUM 方式安装 PostgreSQL，安装前须检查是否有正在运行的 postgres 进程（ ps -ef|grep postgres），如果有，则停用数据库或者杀掉相关进程，否则数据库

启动会失败。

2. 生成安装脚本

访问 YUM 安装包地址可通过官网或扫描本书二维码获取，根据 Linux 数据信息填写意向安装版本以及服务器信息，即可生成安装脚本，如图 3-22 所示。

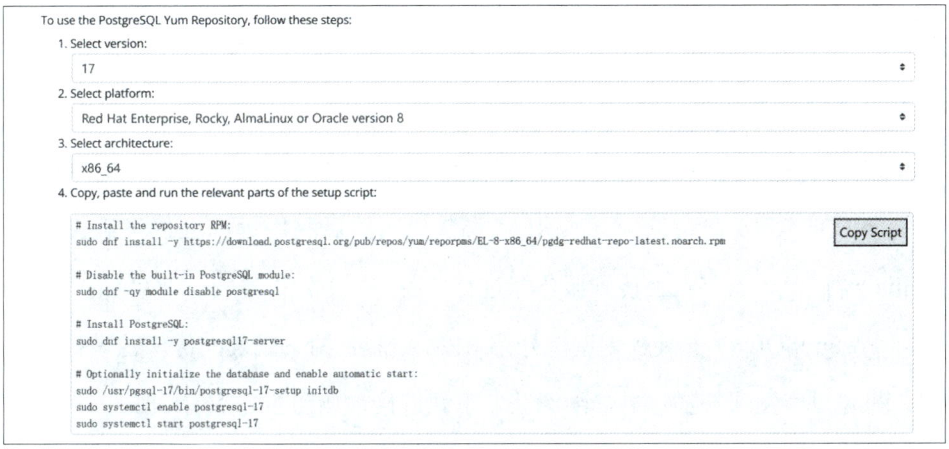

To use the PostgreSQL Yum Repository, follow these steps:

1. Select version:
```
17
```

2. Select platform:
```
Red Hat Enterprise, Rocky, AlmaLinux or Oracle version 8
```

3. Select architecture:
```
x86_64
```

4. Copy, paste and run the relevant parts of the setup script:

```
# Install the repository RPM:
sudo dnf install -y https://download.postgresql.org/pub/repos/yum/reporpms/EL-8-x86_64/pgdg-redhat-repo-latest.noarch.rpm

# Disable the built-in PostgreSQL module:
sudo dnf -qy module disable postgresql

# Install PostgreSQL:
sudo dnf install -y postgresql17-server

# Optionally initialize the database and enable automatic start:
sudo /usr/pgsql-17/bin/postgresql-17-setup initdb
sudo systemctl enable postgresql-17
sudo systemctl start postgresql-17
```

Copy Script

图 3-22　PostgreSQL YUM Repository

3. 进行安装

以 root 用户（或者具有 sudo 权限的用户）执行 yum install 命令，后续命令将自动顺序执行，方便、快捷。

（1）安装数据库，命令如下。

```
sudo yum install -y
sudo dnf install -y
...
sudo dnf -qy module disable postgresql
```

（2）安装 PostgreSQL 软件，命令如下。

```
sudo dnf install -y postgresql16-server
```

（3）初始化数据库，命令如下。

```
sudo /usr/pgsql-17/bin/postgresql-17-setup initdb
sudo systemctl enable postgresql-17
sudo systemctl start postgresql-17
```

（4）检查安装状态。使用 su - postgres 命令切换用户后，通过 ps -ef|grep

postgres 命令 检查数据库安装启动状态。

使用 sudo systemctl stop postgresql-17 命令关闭数据库服务。

如需要使用安装路径 bin 目录下的 pg_ctl 命令，启停数据库，最好设置好各种环境变量，请参考 4.3.1 节。

3.2.5　RPM 安装包

1. 获取安装包

如果服务器无法连接互联网，可以事先通过官网或本书二维码获取的网址找到需要下载的 RPM 安装包，下载 RPM 安装包，然后利用远程上传下载工具，如 FileZilla，将 RPM 安装包上传到服务器进行安装。

以 PostgreSQL 17 安装包为例，介绍 RPM 安装包的下载及上传。首先打开下载链接，可通过官网或扫描本书二维码获取下载链接，如图 3-23 所示。

Index of /pub/repos/yum/17/redhat/rhel-8-x86_64/

../		
repodata/	16-Dec-2024 16:23	-
bgw_replstatus_17-1.0.6-4PGDG.rhel8.x86_64.rpm	24-Sep-2024 00:46	16040
bgw_replstatus_17-llvmjit-1.0.6-4PGDG.rhel8.x86..>	24-Sep-2024 00:46	16004
count_distinct_17-3.0.1-6PGDG.rhel8.x86_64.rpm	24-Sep-2024 00:46	21188
count_distinct_17-llvmjit-3.0.1-6PGDG.rhel8.x86..>	24-Sep-2024 00:46	19032
credcheck_17-2.8-1PGDG.rhel8.x86_64.rpm	24-Sep-2024 00:46	35968
credcheck_17-llvmjit-2.8-1PGDG.rhel8.x86_64.rpm	24-Sep-2024 00:46	45968
ddlx_17-0.29-1PGDG.rhel8.noarch.rpm	15-Dec-2024 23:12	33624
e-maj_17-4.5.0-1PGDG.rhel8.noarch.rpm	24-Sep-2024 01:34	5459664
extra_window_functions_17-1.0-5PGDG.rhel8.x86_6..>	24-Sep-2024 00:47	24888
hdfs_fdw_17-2.3.2-3PGDG.rhel8.x86_64.rpm	24-Sep-2024 00:47	120764
hll_17-2.18-2PGDG.rhel8.x86_64.rpm	24-Sep-2024 00:47	42776
hll_17-llvmjit-2.18-2PGDG.rhel8.x86_64.rpm	24-Sep-2024 00:47	51552
hypopg_17-1.4.1-2PGDG.rhel8.x86_64.rpm	24-Sep-2024 00:47	30920
hypopg_17-llvmjit-1.4.1-2PGDG.rhel8.x86_64.rpm	24-Sep-2024 00:47	46968
ip4r_17-2.4.2-2PGDG.rhel8.x86_64.rpm	24-Sep-2024 00:47	79720
ip4r_17-llvmjit-2.4.2-2PGDG.rhel8.x86_64.rpm	24-Sep-2024 00:47	129176
jsquery_17-1.2-2PGDG.rhel8.x86_64.rpm	24-Sep-2024 00:48	50320
jsquery_17-devel-1.2-2PGDG.rhel8.x86_64.rpm	24-Sep-2024 00:48	9712
jsquery_17-llvmjit-1.2-2PGDG.rhel8.x86_64.rpm	24-Sep-2024 00:48	95052
logerrors_17-2.1.3-1PGDG.rhel8.x86_64.rpm	24-Sep-2024 00:48	23452
logerrors_17-llvmjit-2.1.3-1PGDG.rhel8.x86_64.rpm	24-Sep-2024 00:48	27668
login_hook_17-1.6-1PGDG.rhel8.x86_64.rpm	24-Sep-2024 00:48	18000
login_hook_17-llvmjit-1.6-1PGDG.rhel8.x86_64.rpm	24-Sep-2024 00:48	14976
multicorn2_17-3.0-1PGDG.rhel8.x86_64.rpm	25-Sep-2024 20:24	117328
multicorn2_17-llvmjit-3.0-1PGDG.rhel8.x86_64.rpm	25-Sep-2024 20:24	67256
mysql_fdw_17-2.9.2-2PGDG.rhel8.x86_64.rpm	24-Sep-2024 00:48	142488
ogr_fdw_17-1.1.5-4PGDG.rhel8.x86_64.rpm	22-Nov-2024 17:21	51812
ogr_fdw_17-llvmjit-1.1.5-4PGDG.rhel8.x86_64.rpm	22-Nov-2024 17:21	69436
orafce_17-4.13.0-1PGDG.rhel8.x86_64.rpm	24-Sep-2024 00:48	150964
orafce_17-4.13.2-1PGDG.rhel8.x86_64.rpm	27-Sep-2024 20:52	151148
orafce_17-4.13.3-1PGDG.rhel8.x86_64.rpm	04-Oct-2024 07:51	151332
orafce_17-4.13.5-1PGDG.rhel8.x86_64.rpm	28-Oct-2024 17:21	151676
orafce_17-4.14.0-1PGDG.rhel8.x86_64.rpm	25-Nov-2024 21:32	152088
orafce_17-llvmjit-4.13.0-1PGDG.rhel8.x86_64.rpm	24-Sep-2024 00:48	271028
orafce_17-llvmjit-4.13.2-1PGDG.rhel8.x86_64.rpm	27-Sep-2024 20:52	271400

图 3-23　PostgreSQL 安装包下载

然后下载图 3-23 所示的四个 RPM 安装包，并上传至服务器，如图 3-24 所示。

2. 清理安装环境

在安装 PostgresSQL 前，仍需检查是否有正在运行的 PostgreSQL 服务（进程），如果有，关闭相关服务（实例）或者通过 kill -9 命令杀掉进程（尽量用命令行方式关闭 PostgreSQL 进程，非必要不要使用 kill -9 命令）。然后干净地卸载 PostgreSQL，如下所示。

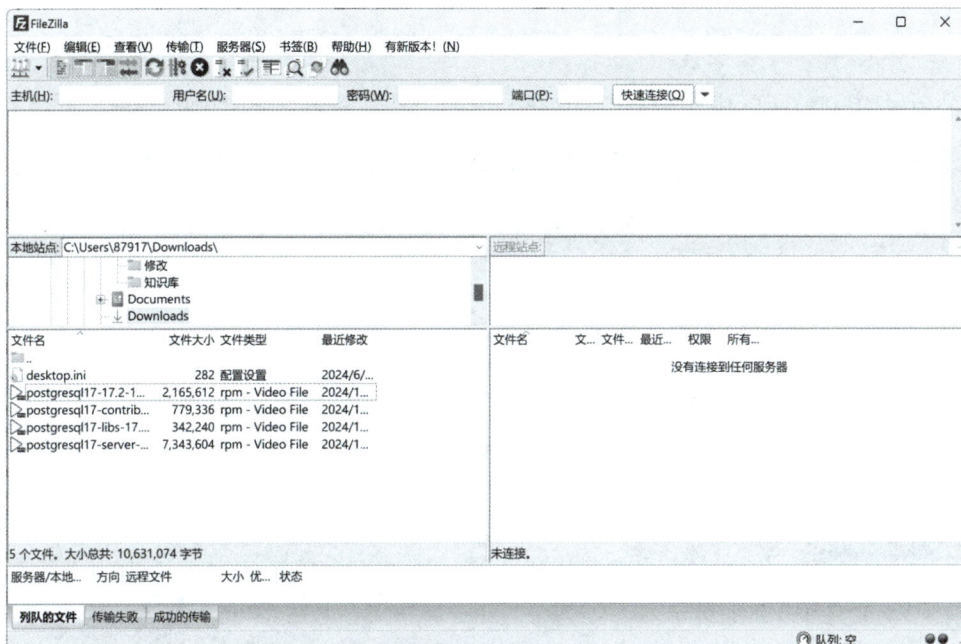

图 3-24　上传安装文件

```
yum remove postgresql*
```

3. 进行安装

PostgreSQL 17 版本的 RPM 安装包需要在 CentOS 8.X 系统上操作，在 RPM 安装包所在目录下，按文件顺序执行 rpm -ivh 命令。如果提示缺少依赖包，则按要求安装依赖包。

```
rpm -ivh libzstd-1.4.4-1.el8.x86_64.rpm
rpm -ivh postgresql17-libs-17.2-1PGDG.rhel8.x86_64.rpm
rpm -ivh postgresql17-17.2-1PGDG.rhel8.x86_64.rpm
rpm -ivh postgresql17-server-17.2-1PGDG.rhel8.x86_64.rpm
rpm -ivh postgresql17-contrib-17.2-1PGDG.rhel8.x86_64.rpm
```

依赖包：libzstd-1.4.4-1.el8.x86_64.rpm。

可通过官网下载或扫描本书二维码获取下载链接。

之后按 3.2.3 节介绍的源代码安装部分的内容初始化数据库即可。

经验杂谈

（1）源代码安装方式会比 RPM 安装包方式慢，因为 RPM 软件包是根据特定系统和平台定制的，经常是一种程序提供多种 RPM 包格式，用户可根据系统情况选择适合的 RPM 包直接安装；而源代码相当于通用型，可以用于多个系统中，所以需要运行 configure 脚本来检测环境，生成对应的安装信息。

（2）安装 PostgreSQL 时，如果可以直接连接互联网，尽量使用 YUM 安装方式。

（3）出于安全性考虑，请考虑使用源代码安装。

（4）初始化数据库类似于 Oracle 的 DBCA 操作。

错误集锦

（1）错误 1，如下所示。

```
could not connect to server: Connection refused (0x0000274D/10061)
Is the server running on host "95.110.201.74" and accepting
TCP/IP connections on port 5432?"
```

以上错误提示一般发生在远程主机连接的情况下。出现错误的原因是 5432 端口号被拒绝连接或者 PostgreSQL 数据库未监听本机以外的其他主机的连接请求。这时，要分别检查如下两个步骤的操作是否正确。

①让防火墙开放 5432 端口：

```
sudo vim /etc/sysconfig/iptables
```

加上：-A INPUT -p tcp -m tcp --dport 5432 -j ACCEPT

重启防火墙：sudo service iptables restart

②修改 $PostgreSQL_HOME/data/postgresql.conf 配置文件。

将配置文件中的相关参数修改为如下内容。

```
listen_addresses = '*'
port = 5432
```

如果从本地访问数据库，出现如下提示：

```
FATAL:no pg-hba.conf entry for host "xxxxxxxx",user "xxx" database
"xxxxx"......
```

则说明，本地访问被设置为非 trust 模式。请检查 $PostgreSQL_HOME/data/pg-hba.conf 配置文件是否有如下配置信息：

```
host all all 127.0.0.1/32 trust
```

（2）错误 2，如下所示。

```
configure: error: readline library notfound
If you have readline already installed, see config.log for detailson
the failure.  It is possible the compiler isnt lookingin the proper
directory.
Use --without-readline to disable readlinesupport.
```

出现以上错误，说明系统缺少 readline 库。这时执行如下命令：

```
rpm -qa | grep readline
```

如果提示：

```
readline-6.0-4.el6.x86_64
```

那么说明计算机中缺少 readline-devel 库。只要安装 readline-devel 库即可：

```
yum -y install readline-devel
```

再次执行 rpm -qa | grep readline 命令，如果提示：

```
readline-devel-6.0-4.el6.x86_64
readline-6.0-4.el6.x86_64
```

则说明 readline-devel 库安装成功。

3.3　在 Mac OS 中安装 PostgreSQL

在 Mac OS 中安装 PostgreSQL，须下载对应版本的数据库安装包，可通过官网或扫描本书二维码获取下载链接。本例以 PostgreSQL 17.2 版本进行说明，如图 3-25 所示。

PostgreSQL Version	Linux x86-64	Linux x86-32	Mac OS X	Windows x86-64	Windows x86-32
17.2	postgresql.org	postgresql.org	📦	📦	Not supported
16.6	postgresql.org	postgresql.org	📦	📦	Not supported
15.10	postgresql.org	postgresql.org	📦	📦	Not supported
14.15	postgresql.org	postgresql.org	📦	📦	Not supported
13.18	postgresql.org	postgresql.org	📦	📦	Not supported
12.22	postgresql.org	postgresql.org	📦	📦	Not supported
9.6.24*	📦	📦	📦	📦	📦

图 3-25　PostgreSQL 安装包下载

双击安装文件启动安装程序，如图 3-26 所示。

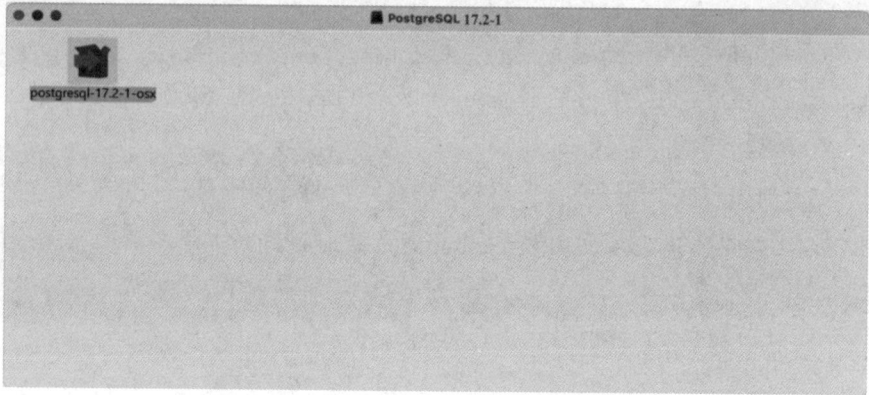

图 3-26　启动安装

这时会弹出对话框要求输入管理密码，输入即可，如图 3-27 所示。

图 3-27　密码输入

62

启动安装向导，如图 3-28 所示。

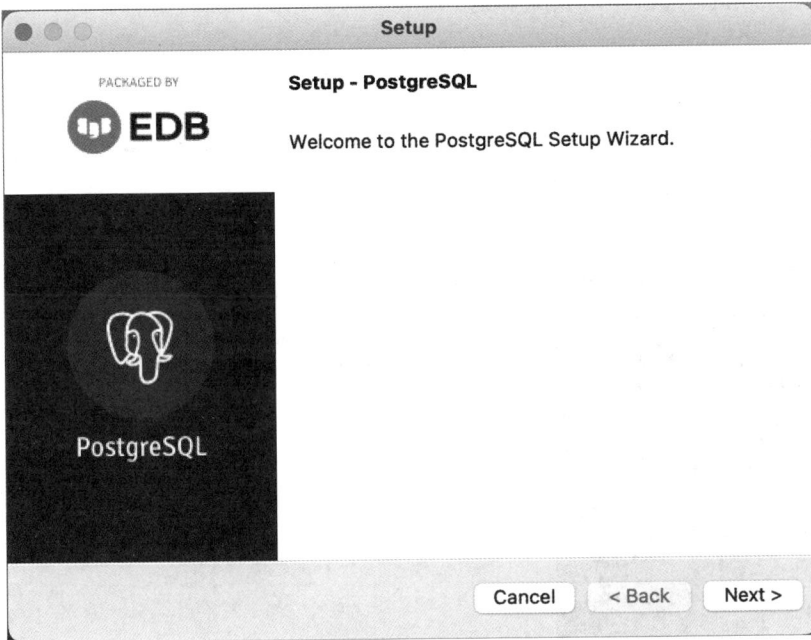

图 3-28　安装向导

按照安装向导，设定数据库相关的配置信息，包括安装目录、扩展安装、数据库目录、用户密码、端口设置等，一般采用默认设置，也可以自定义。设置完成后，进入安装前汇总界面，如图 3-29 所示。

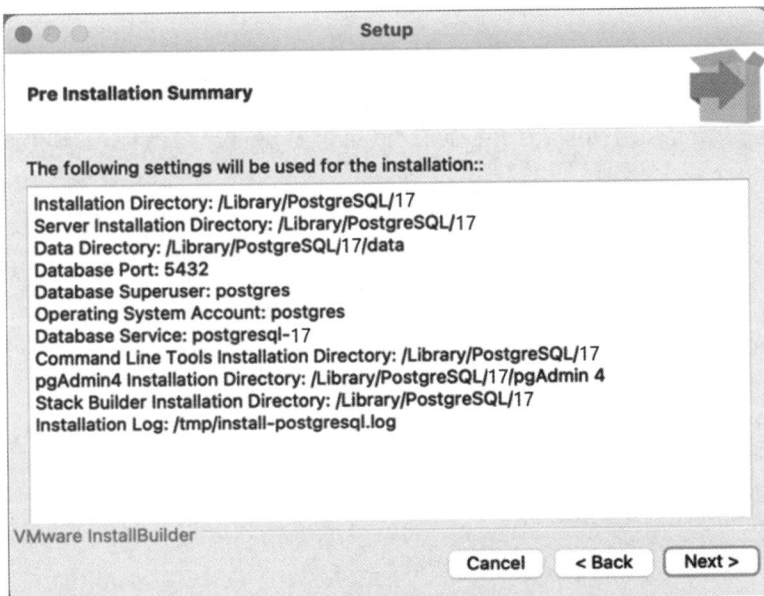

图 3-29　安装汇总

安装过程不需要用户干预，所以这里省略了描述。当出现如图 3-30 所示的对话框时，单击 Finish 按钮即可完成安装。

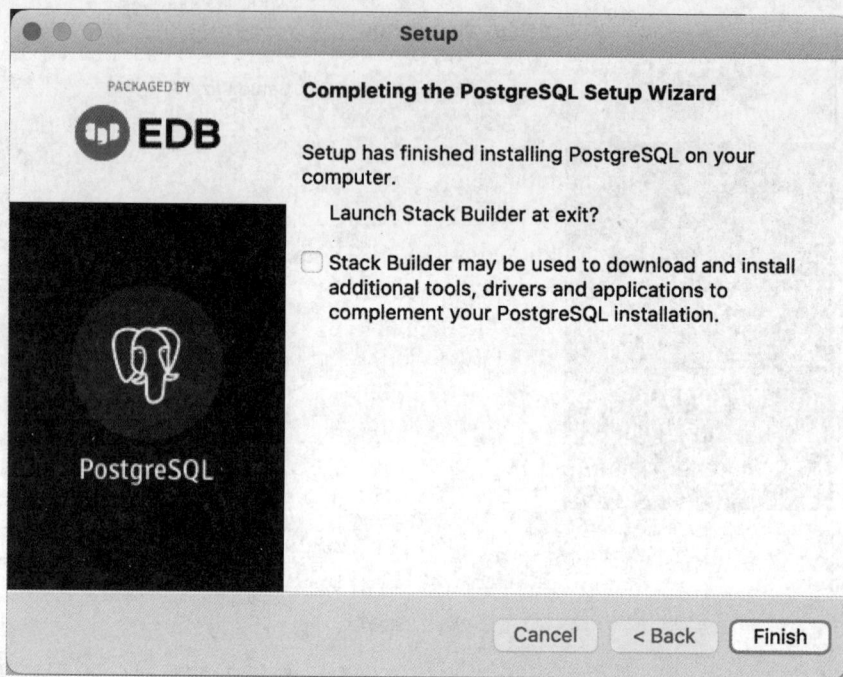

图 3-30　完成安装

在终端打开 SQL Shell（psql）。有 2 种方式打开 SQL Shell（psql）：（1）执行"安装目录 /scripts/runpsql.sh"；（2）直接执行 SQL Shell（psql），如图 3-31 所示。

图 3-31　启动终端

进入 SQL Shell（psql）界面，如图 3-32 所示，其中的几个选项读者可以自行输入，也可以使用默认值，密码为在安装过程中设置的密码。

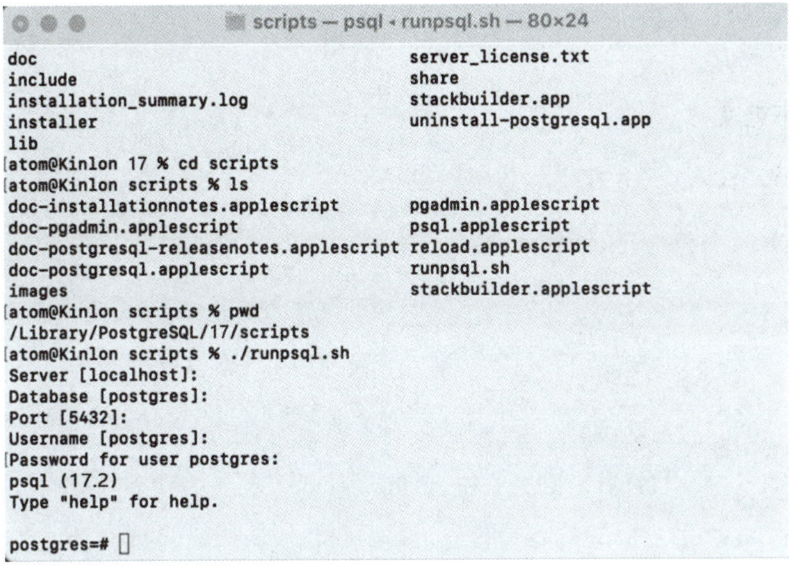

图 3-32　登录数据库

至此整个 PostgreSQL 安装完成，并且启动成功。

练习题和答案

（1）PostgreSQL 有哪几种安装方式？

　　A. YUM 安装

　　B. C 语言安装

　　C. 源代码安装

　　D. RPM 安装包

　　正确答案：A，C，D

（2）安装完 PostgreSQL 软件以后，关于初始化数据库的操作，下面表述哪个正确？

　　A. 不需要初始化

　　B. 初始化就是重装

　　C. 初始化会创建数据字典

D. 初始化会创建 postgresql.conf 文件

正确答案：C，D

（3）PostgreSQL 可以安装在 ARM 平台吗？

A. 可以

B. 不可以

正确答案：A

第 4 章
PostgreSQL 基本操作

4.1 客户端工具 psql

psql 是 PostgreSQL 客户端工具。psql 允许操作者输入 SQL 语句、命令，或者选择文件，发送给数据库服务器，然后将结果显示在屏幕上。同时，它提供了一系列命令以及类 shell 特性实现脚本，可对任务自动化处理。

在安装 PostgreSQL 数据库时，系统会创建一个与初始化数据库时操作系统用户名（如 postgres）相同的数据库用户名（如 postgres），该用户就是数据库的超级用户，以该用户名登录操作系统，可不需要用户名和密码就能登录数据库；默认创建了一个与用户名相同名字的数据库 postgres，使用 psql 命令可直接进入该数据库，也可以 psql 数据库名，如 psql pgccc 免密登录数据库。

```
[postgres@10-9-105-16 ~]$ psql pgccc
psql (17.2)
Type "help" for help.


pgccc=#
```

4.1.1 常用命令

查看数据库的命令为 psql -l（l 为小写的 L，此命令与执行 psql 命令进入数据库后执行 \l 的作用相同）。postgres 是安装 PostgreSQL 后默认的数据库，此外还有 2 个模板数据库 template0 和 template1，pgccc 为手动创建的测试数据库。

```
[postgres@10-9-105-16 ~]$ psql -l
                          List of databases
```

```
    Name      |   Owner   | Encoding  |   Collate    |    Ctype     |
Access privileges
-----------+----------+----------+-------------+-------------+----
-------------------
 pgccc      | postgres | UTF8      | en_US.UTF-8 | en_US.UTF-8 |
 postgres   | postgres | UTF8      | en_US.UTF-8 | en_US.UTF-8 |
 template0  | postgres | UTF8      | en_US.UTF-8 | en_US.UTF-8 | =c/
postgres                                                         +
            |          |          |             |             |    |
postgres=CTc/postgres
 template1  | postgres | UTF8      | en_US.UTF-8 | en_US.UTF-8 | =c/
postgres                                                         +
            |          |          |             |             |    |
postgres=CTc/postgres
 pgccc      | postgres | UTF8      | en_US.UTF-8 | en_US.UTF-8 |
(5 rows)
```

\d 命令用于查看所有表的列表，具体如下：

● \d [pattern]+，pattern 可以是表、视图、索引或序列。

● \d 跟一个表名，用于显示表结构定义。

● \d 跟索引，用于显示索引信息。

● \d+ 显示的信息比 "\d" 更详细。

```
[postgres@10-9-105-16 ~]$ psql pgccc
psql (17.2)
Type "help" for help.
pgccc=# \d
          List of relations
 Schema  |    Name    | Type  |  Owner
---------+------------+-------+----------
 public  | department | table | postgres
(1 row)
```

\c postgres 命令用于连接（切换）到 postgres 数据库。

```
pgccc=# \c postgres
You are now connected to database "postgres" as user "postgres".
```

注意：template1 和 template0 这两个数据库在初始化数据库集簇之初是一样的，但是 template0 是不允许连接的。如果想切换到 template0，psql 会报错：

```
Pgccc=# \c template1
You are now connected to database "template1" as user "postgres".
template1=# \c template0
FATAL:  database "template0" is not currently accepting connections
Previous connection kept
```

因为不能连接，所以也就不可以对 template0 数据库进行修改。

对于每一个数据库在 pg_database 中存在两个有用的标志：datistemplate 列和 datallowconn 列。datistemplate 列可以被设置来指示数据库是不是要作为 CREATE DATABASE 的模板。如果设置了这个标志，那么该数据库可以被任何有创建数据库（CREATEDB）权限的用户复制；如果没有被设置，那么只有超级用户和该数据库的拥有者可以复制它。如果 datallowconn 为 false，那么将不允许与该数据库建立任何新的连接（但已有的会话不会因为把该标志设置为 false 而被中止）。template0 通常被标记为 datallowconn = false 来阻止对它的修改。template0 和 template1 通常被标记为 datistemplate = true。

除了 template1 是 CREATE DATABASE 的默认源数据库名之外（即模板数据库），template1 和 template0 没有任何特殊的状态。

比如，我们可以删除 template1，然后用 template0 创建它而不会有任何不良效果。如果我们不小心在 template1 里加入一堆垃圾，那么可以删除 template1 并重建它（要删除 template1，必须使 pg_database.datistemplate = false）。

在初始化数据库集簇时，也会创建 postgres 数据库。这个数据库用于作为用户和应用连接的默认数据库。它只是 template1 的一个简单拷贝，需要的时候可以删除或者重建。

4.1.2 .psqlrc 文件和 .pgpass 文件

PostgreSQL 的超级用户可以手动创建 .psqlrc 文件和 .pgpass 文件这两个隐藏文件，它们提供了定制化 psql 输出和免密登录方式。

1. .psqlrc 文件

psql 在连接到数据库之后、在接受正常命令之前，尝试读取这两个文件，并执行文件中的命令。这两个文件分别是系统范围的启动文件 .psqlrc 和用户的个人启动文件 ~/.psqlrc。我们可以利用 .psqlrc 文件自定义 psql 行为、外观和操作方式。系统范围的启动文件 .psqlrc 可以通过 pg_config --sysconfdir 命令来查看，默认放在 etc 相关的可执行文件目录中。该目录的名字可以通过配置环境变量 PGSYSCONFDIR 来设置，也可以用环境变量 PSQLRC 来配置。用户的个人启动文件一般在用户 home 目录下，如 ~/.psqlrc。

配置和使用 .psqlrc 文件，如下所示。

1）常用的命令

\set：设置变量。

\echo：回显变量。

\gset：把当前查询输入到缓存区，并将结果存储在变量中。

\pset：可以设置输出结果时想要的格式。

\setenv：设置环境变量。

2）\set 可设置的命令

```
AUTOCOMMIT = 'on'
COMP_KEYWORD_CASE = 'preserve-upper'
DBNAME = 'postgres'
ECHO = 'none'
ECHO_HIDDEN = 'off'
ENCODING = 'UTF8'
ERROR = 'false'
FETCH_COUNT = '0'
HIDE_TABLEAM = 'off'
HIDE_TOAST_COMPRESSION = 'off'
HISTCONTROL = 'none'
HISTSIZE = '500'
HOST = '/tmp'
IGNOREEOF = '0'
LAST_ERROR_MESSAGE = ''
```

```
LAST_ERROR_SQLSTATE = '00000'
ON_ERROR_ROLLBACK = 'off'
ON_ERROR_STOP = 'off'
PORT = '1111'
PROMPT1 = '%/%R%x%# '
PROMPT2 = '%/%R%x%# '
PROMPT3 = '>> '
QUIET = 'off'
ROW_COUNT = '0'
SERVER_VERSION_NAME = '17.2'
SERVER_VERSION_NUM = '170002'
SHOW_CONTEXT = 'errors'
SINGLELINE = 'off'
SINGLESTEP = 'off'
SQLSTATE = '00000'
USER = 'postgres'
VERBOSITY = 'default'
VERSION = 'PostgreSQL 17.2 on x86_64-pc-linux-gnu, compiled by gcc
（GCC）4.8.5 20150623（Red Hat 4.8.5-44）, 64-bit'
VERSION_NAME = '17.2'
VERSION_NUM = '170002'
```

各参数详细解释可参考官方文档，可通过官方网站打开或扫描本书二维码获取下载链接。

3）客户端提示符

psql 默认有三个提示符：PROMPT1、PROMPT2 和 PROMPT3。

PROMPT1：当 psql 等待新命令发出时的常规提示符。

PROMPT2：在命令输入过程中等待更多输入时发出的提示符，例如当命令没有使用分号终止或者引用没有被关闭时就会发出这个提示符。PROMPT2 的默认设置值与 PROMPT1 一样。

PROMPT3：在运行一个 SQL COPY FROM STDIN 命令并且需要在终端上输入一个行值时发出的提示符。

4）选项

%M：数据库服务器别名。不是指主机名，显示的是 psql 的 -h 参数设置的值；

当连接建立在 UNIX 域套接字上时则是 [local]。

%>：数据库服务器的端口号。

%n：数据库会话的用户名。在数据库会话期间，这个值可能会因为命令 SET SESSION AUTHORIZATION 的结果而改变。

%/：当前数据库名称。

%#：如果是超级用户显示"#"，其他用户则显示">"。在数据库会话期间，这个值可能会因为命令 SET SESSION AUTHORIZATION 的结果而改变。

%p：当前数据库连接的后台进程号。

%R：在 PROMPT1 中通常显示"＝"，如果进程被断开则显示"！"。

%x：事务状态。通常为空白，除非在事务语句块中（为＊）。

5）文件配置方式

执行 vi ~/.psqlrc 命令添加以下内容。

```
-- 登录提示符--\set PROMPT1 '%n->%/@%M:%>%R%# '
\set PROMPT1 '%'date +%H:%M:%S' %M:%[%033[1;35m%]%>%[%033[0m%]
%n@%/%R%#%x '
\set PROMPT2 '%M %n@%/%R%# '-- 关键字大写形式
\set COMP_KEYWORD_CASE upper
```

在配置 .psqlrc 文件的同时可以将进程的状态值作为定制化的命令写入 .psqlrc 文件中，用以时刻关注连接的状态。

active：后台进程正在执行 SQL。

idle：后台进程为空闲状态，等待后续客户端发出命令。

idle in transaction：后台进程正在事务中，并不是指正在执行 SQL。

idle in transaction（aborted）：和 idle in transaction 状态类似，只是事务中的部分 SQL 异常。

如查询活跃事件，可添加如下 SQL 语句。

```
select pid , usename , datname , query , client_addr from pg_stat_
activity where pid <> pg_backend_pid ( ) and state=\'active\'
order by query;
```

编辑如下内容，将一条 SQL 语句设置为一个名为 active_session 的变量值，以便之后在 psql 的交互式命令行中可以快速地调用这个 SQL 查询。

```
cat >> ~/.psqlrc <<-EOF
\set active_session 'select pid , usename , datname , query ,
client_addr from pg_stat_activity where pid <> pg_backend_pid ( )
and state=\'active\' order by query;'
EOF
# 登录数据库执行 :active_session 命令
[postgres@10-9-105-16 postgres]$ psql pgccc
psql (16.2)
Type "help" for help.
pgccc => :active_session
 pid | usename | datname | query | client_addr
-----+---------+---------+-------+-------------
(0 rows)
```

2. .pgpass 文件

.pgpass 文件是连接 PostgreSQL 时使用的密码文件，通常位置为 ~/.pgpass。

~/.pgpass 上的权限必须是 600，格式如下。

```
hostname:port:database:username:password
```

对于 .pgpass 文件的内容有如下几点需要注意：

（1）当密码包含冒号（:）时，必须用反斜杠（\:）进行转义。

（2）字符"*"可以匹配任何字段中的任何值（密码除外）。

（3）如果设置了环境变量 PGPASSWORD，则不会读取 ~/.pgpass 文件。

（4）环境变量值不得使用""（双引号）。

（5）在 UNIX 系统上，密码文件的权限必须是不允许所有人或组内访问，可以用 chmod 0600 ~/.pgpass 这样的命令实现。如果权限没有这么严格，该文件将被忽略。

4.2　PostgreSQL 数据库的启动、停止与关闭

4.2.1　启动、停止数据库的方式

PostgreSQL 数据库的启动、停止方式包括使用 pg_ctl 命令（推荐）、postgres 命令和 service（服务）3 种。

1. 使用 pg_ctl 命令启动、重载与停止数据库

完成 PGHOME、PGDATA 和 PATH 在 /home/postgres/.bash_profile 中的设置，可以通过直接在 postgres 用户下运行 pg_ctl 命令，或者使用绝对目录地址实现，如下所示。

```
/pgccc/pgdata/bin/pg_ctl -D /pgccc/data commond
```

启动数据库，命令如下。

```
pg_ctl -D $PGDATA start
```

重载数据库，命令如下。

```
pg_ctl -D $PGDATA reload
```

停止数据库，命令如下。

```
pg_ctl -D $PGDATA stop
```

2. 使用 postgres 命令启动、停止数据库

直接运行 postgres 进程启动数据库，如下所示。

```
/pgccc/pgdata/bin/postgres -D /pgccc/data
```

注意：启动 postgres 数据库服务器，实际上就是使用不同的参数运行 postgres 程序。postgres 程序有很多命令行参数。

postgres 单用户模式就是在启动 postgres 程序时加上 --single 参数，这时 postgres 进程不会进入后台模式，而是进入一个交互式的命令行模式。

在这种交互模式下，可以执行一些 SQL 命令等。该模式主要用于维护、修复数据库，其输出如图 4-1 所示。

```
[postgres@10-9-105-16 pgdata]$ /pgccc/pgdata/bin/postgres --single -D /pgccc/data pgccc

PostgreSQL stand-alone backend 17.2
backend> SELECT pg_is_in_recovery()
        1: pg_is_in_recovery   (typeid = 16, len = 1, typmod = -1, byval = t)
        ----
        1: pg_is_in_recovery = "f"      (typeid = 16, len = 1, typmod = -1, byval = t)
        ----
```

图 4-1　单用户模式输出示例

这里也可以使用 pg_ctl 命令来停止数据库。

3. 使用 service（服务）启动、停止数据库

通过 service（服务）的方式启动数据库，命令如下。

```
systemctl start postgresql-17.service
```

通过 service（服务）的方式停止数据库，命令如下。

```
systemctl stop postgresql-17.service
```

4.2.2　关闭模式

Postgres 有 3 种关闭数据库的模式，默认是 fast 模式，此外还有 smart 模式和 immediate 模式。

```
pg_ctl -D $PGDATA -m smart | fast | immediate stop
```

1. smart 模式

smart 模式是智能关闭数据库模式，等到所有客户端断开连接后关闭数据库。如果存在客户端连接数据库，则数据库将一直等待无法关闭。它允许超级用户建立新的连接，这是为了让超级用户可以登录数据库来终止联机备份模式。如果向处于恢复状态的服务器（例如 standby 数据库）发送关机请求，服务器会等待恢复和流复制中的正常会话都终止后再停止数据库。这种停止数据库的模式用得比较少，因为这种模式要求用户主动断开连接，才会停止数据库；如果连接不断开，数据库也就无法停止。此种方式最安全，但是最慢。关闭参数 smart 可以用 s 代替，如 pg_ctl -D $PGDATA -m smart stop 或 pg_ctl -D $PGDATA -m s stop 均可。

有连接存在时使用 smart 模式关闭数据库的过程如下所示。

```
pg_ctl -D $PGDATA -m smart stop
waiting for server to shut down....2024-12-13 14:38:11.467 CST [846]
LOG:  received smart shutdown request
............................................................ failed
```

```
pg_ctl: server does not shut down
HINT: The "-m fast" option immediately disconnects sessions rather
than waiting for session-initiated disconnection
```

2. fast 模式

fast 模式是快速关闭数据库模式，不再允许有新的连接。此模式通过对正在连接的 session 发送信号，断开数据库连接，对于正在进行的事务进行回滚，随后正常关闭数据库。

PostgreSQL 默认关闭数据库的模式是 fast，关闭参数 fast 可以用 f 代替，如 pg_ctl -D $PGDATA -m fast stop 或 pg_ctl -D $PGDATA -m f stop 均可。

有连接存在时使用 fast 模式关闭数据库的过程如下所示。

```
 pg_ctl -D $PGDATA stop -m fast
waiting for server to shut down....2024-12-13 14:40:02.094 CST [846]
LOG:  received fast shutdown request
2024-12-13 14:40:02.098 CST [846] LOG:   aborting any active
transactions
2024-12-13 14:40:02.098 CST [1008] FATAL:  terminating connection
due to administrator command
2024-12-13 14:40:02.099 CST [846] LOG:  background worker "logical
replication launcher" （PID 855） exited with exit code 1
2024-12-13 14:40:02.099 CST [850] LOG:  shutting down
2024-12-13 14:40:02.119 CST [846] LOG:  database system is shut
down
 done
```

3. immediate 模式

immediate 模式是立刻直接关闭数据库模式。此模式向所有子进程发送 SIGQUIT 信号，所有子进程立即退出。通过这种模式关闭数据库，完整性是不可靠的。再次启动数据库时将会重放 WAL 日志进行恢复。关闭参数 immediate 可以用 i 代替，如 pg_ctl -D $PGDATA -m immediate stop 或 pg_ctl -D $PGDATA -m i stop 均可。

有连接存在时使用 immediate 模式关闭数据库的过程如下所示。

```
 pg_ctl -D $PGDATA stop -m immediate
waiting for server to shut down....2024-12-13 14:41:36.305 CST
[1949] LOG:  received immediate shutdown request
```

```
2024-12-13 14:41:36.310 CST [1949] LOG:   database system is shut
down
 done
server stopped
```

注意： signal 信号有以下三种。

（1）SIGTERM。发送此信号为 smart shutdown 模式。

（2）SIGINT。发送此信号为 fast shutdown 模式。

（3）SIGQUIT。发送此信号为 immediate shutdown 模式。

4.3　PostgreSQL 配置管理

PostgreSQL 的配置文件（如图 4-2 所示）主要放在 $PGDATA 目录下，包括 postgresql.conf 和 pg_hba.conf、pg_ident.conf 等。这些文件在 2.3.2 节已经做了部分介绍。

```
[postgres@10-9-105-16 data]$ ls
base            pg_hba.conf     pg_notify       pg_stat         pg_twophase     postgresql.auto.conf
global          pg_ident.conf   pg_replslot     pg_stat_tmp     PG_VERSION      postgresql.conf
pg_commit_ts    pg_logical      pg_serial       pg_subtrans     pg_wal          postmaster.opts
pg_dynshmem     pg_multixact    pg_snapshots    pg_tblspc       pg_xact         postmaster.pid
```

图 4-2　配置文件

4.3.1　操作系统用户环境设置（postgres）

每次安装完成后，最好设置操作系统用户的环境变量，这将有助于提高工作效率，如果不设置，系统可能会出现提醒命令不存在的情况。

1. 临时设置

通过设置 PostgreSQL 的环境变量，可以快捷地使用 PostgreSQL 命令，减少使用全路径的麻烦。PGHOME 为 PostgreSQL 软件安装目录，可以在命令行里直接执行 export PGHOME=/pgccc/pgdata；PGDATA 为数据库文件目录，在这个目录初始化数据库，可以直接在命令行里执行 export PGDATA=/pgccc/pgdata，然后执行 export PATH=$PATH:$HOME/bin:$PGHOME/bin，进而可以直接运行 psql 命令访问数据库，不需要显示输入全文件路径。

```
[postgres@10-9-105-16 ~]$ export PGHOME=/pgccc/pgdata
[postgres@10-9-105-16 ~]$ export PGDATA=/pgccc/data
[postgres@10-9-105-16 ~]$ export PATH=$PATH:$HOME/.local/bin:$HOME/
bin:$PGHOME/bin
[postgres@10-9-105-16 ~]$ pwd
/home/postgres
[postgres@10-9-105-16 ~]$ psql
psql (17.2)
Type "help" for help.
postgres=#
```

临时设置的环境变量在断开连接或者重新登录后都会丢失。

2. 永久设置

为了避免每次通过命令行方式设置环境变量，可以进行永久设置。

（1）编辑 postgres 用户目录 /home/postgres 下的文件 .bash_profile，通过 vi 增加以下内容。

```
export PGHOME=/pgccc/pgdata
export PGDATA=/pgccc/data
```

（2）更新 PATH 命令，具体内容如下所示。

```
PATH=$PATH:$HOME/.local/bin:$HOME/bin:$PGHOME/bin
export PATH
```

（3）查看环境配置文件，增加如下所示的命令。

```
[postgres@10-9-105-16 ~]$ cat .bash_profile
# .bash_profile

# Get the aliases and functions
if [ -f ~/.bashrc ]; then
        . ~/.bashrc
fi

# User specific environment and startup programs

#add for postgres
export PGHOME=/pgccc/pgdata
```

```
export PGDATA=/pgccc/data


PATH=$PATH:$HOME/.local/bin:$HOME/bin:$PGHOME/bin
export PATH
```

（4）再次切换 postgres 用户或者通过重新加载 .bash_profile 文件内容，如下所示，实现快捷使用 PostgreSQL 相关命令。

```
source .bash_profile
```

4.3.2　配置文件 postgresql.conf

1. 配置文件的意义

配置文件 postgresql.conf 主要影响服务器实例的基本行为，比如允许的最大连接数，操作允许占用的最大内存数等。数据库安装好时，都有一些默认设置，但是，如果需要对数据库进行定制的话，可以对这些默认设置进行符合需求的修改。配置文件 postgresql.conf 位于 $PGDATA 目录下，内容包括关键文件地址（FILE LOCATIONS）、连接和认证（CONNECTIONS AND AUTHENTICATION）、WAL 资源使用（RESOURCE USAGE（except WAL））、WAL 日志（WRITE-AHEAD LOG）、复制（REPLICATION）、查询优化（QUERY TUNING）、报告和日志（REPORTING AND LOGGING）、统计信息（STATISTICS）、清理（AUTOVACUUM）等。该文件结构如下。

```
- #注释
- key=value
-支持的参数类型：布尔、整数、浮点数、字符串、枚举
- include指令（允许嵌套）
```

可以查看配置文件的内容，使用如下所示的命令。

```
[postgres@10-9-105-16 ~]$ cd $PGDATA
[postgres@10-9-105-16 data]$ cat postgresql.conf
```

2. 修改参数的方法

修改参数的方法包括以下两种。

（1）通过 Linux 命令修改 postgresql.conf 参数文件，常用的命令有 vi、vim、

ehco 和 sed。修改参数前，建议先对要修改的文件备份。

（2）通过 alter system 命令修改全局配置。

3. 查看参数的方法

查看参数的方法包括以下几种。

（1）查询 pg_settings 表。执行下述命令来查询"archive"开头的参数。

```
postgres=# select name,setting from pg_settings where name
~'archive';
          name             |   setting
---------------------------+------------
 archive_cleanup_command   |
 archive_command           | (disabled)
 archive_mode              | off
 archive_timeout           | 0
 max_standby_archive_delay | 30000
(5 rows)
```

（2）使用通配符百分号进行查询。一个字符串或者字符列中包含通配符 %，那么在执行以这个字符串为匹配条件的查询时，就会自动将 % 替换成任意字符，执行全部匹配操作。例如，下列语句会匹配所有 name 为 archive 加任意字符。

```
select name,setting,unit,short_desc from pg_settings where name
like 'archive%';
```

（3）通过 current_setting 查看参数。例如查看 work_mem，可执行如下所示的命令。

```
postgres=# select current_setting('work_mem');
 current_setting
-----------------
 4MB
(1 row)
```

（4）通过 show（show all）命令查看，如下例所示。

```
postgres=# show work_mem;
 work_mem
----------
 4MB
(1 row)
```

```
postgres=# show all;
                   name                    |           setting
|              description
-------------------------------------------+------------------------
-------+--------
allow_system_table_mods    | off   | Allows modifications of the
structure of system tables.
application_name           | psql  | Sets the application name to be
reported in statistics and logs.
......
```

4. 使参数生效

前面虽然修改了参数，但是所做的修改并没有立即生效，需要重新加载或重启数据库才可以使其生效。重新加载数据库配置参数的方法有以下 3 种。

（1）以超级用户运行 pg_reload_conf。例如执行 SELECT pg_reload_conf()；语句，使参数生效。

```
postgres=# SELECT pg_reload_conf();
2024-12-14 17:45:35.227 CST [30649] LOG:   received SIGHUP,
reloading configuration files
 pg_reload_conf
----------------
 t
（1 row）
```

（2）使用 pg_ctl 命令触发 SIGHUP 信号，例如执行 $pg_ctl reload 命令，使参数生效。

```
[postgres@10-9-105-16 data]$ pg_ctl -D $PGDATA reload
server signaled
2024-12-14 17:46:47.540 CST [30649] LOG:   received SIGHUP,
reloading configuration files
```

（3）通过重新加载或重启的方式使修改的参数生效。

```
systemctl reload   postgresql-17.service
systemctl restart  postgresql-17.service
```

4.3.3　数据库防火墙

客户端访问和认证受文件 pg_hba.conf 的控制，该文件管理连接数据库的主机、连接认证方式、数据库用户和数据库。修改此文件后，重启数据库或者通过 pg_ctl reload 命令加载使之生效。建议先备份该文件后再进行修改。

4.4　启动远程访问

PostgreSQL 安装后，默认只能本机连接（本地连接），如果要远程登录（远程连接），需要对 postgresql.conf 文件和 pg_hba.conf 文件进行修改。

4.4.1　修改监听地址

在 postgresql.conf 文件中修改监听地址是通过参数 listen_addresses 来实现的，其默认值是 localhost，即 127.0.0.1。默认配置下远程主机无法连接本地数据库，如果需要从其他机器远程连接本地数据库，需要将监听地址改成实际 IP 地址，简易方法是将 listen_addresses 注释取消，然后将 localhost 换成 *。参数 port 标识监听端口号，默认是 5432。如果一台计算机安装多个数据库，可以修改 port 为不同值。这些参数修改需重启数据库后才能生效。

修改监听地址的方法如下。

（1）找到目录地址 $PGDATA（/pgccc/data），如下所示。

```
[postgres@10-9-105-16 data]$ cd $PGDATA
[postgres@10-9-105-16 data]$ ls
base    pg_dynshmem pg_multixact pg_snapshots pg_tblspc pg_xact postmaster.pid
global pg_hba.conf pg_notify pg_stat pg_twophase postgresql.auto.conf
logfile pg_ident.conf pg_replslot pg_stat_tmp PG_VERSION postgresql.conf
```

（2）复制 postgresql.conf 作为备份。

```
[postgres@10-9-105-16 data]$ cp postgresql.conf postgresql.conf.bak
```

（3）修改 postgresql.conf 文件，将 listen_addresses 注释取消，然后将 localhost 换成 *，如下所示。参数 port 表示监听端口号，默认为 5432。

```
[postgres@10-9-105-16 data]$ vi postgresql.conf
...
listen_addresses = '*'
...
wq!
```

（4）重启数据库，使修改生效。

4.4.2　修改 pg_hba.conf 文件

默认情况下，数据库无法远程连接，需要在 pg_hba.conf 文件中按下述步骤加入需要的命令行。

（1）找到目录地址 $PGDATA（/pgccc/data）。

（2）备份 pg_hba.conf 文件。

（3）修改 postgresql.conf 文件，增加如图 4-3 所示的内容。该命令允许任何用户远程连接本机数据库，连接时提供密码。

```
##add for any host to connect pg via password
host    all                all                0/0                    md5
```

图 4-3　添加在 postgresql.conf 文件中的内容

（4）重新加载使得参数修改生效，如下所示。

```
[postgres@10-9-105-16 data]$ pg_ctl -D $PGDATA reload
```

4.4.3　远程登录

远程登录的方法如下。

（1）执行下述命令创建数据库 pgccc。

```
 [postgres@10-9-105-16 data]$ createdb pgccc
[postgres@10-9-105-16 data]$ psql pgccc
psql （17.2）
Type "help" for help.

pgccc=# \q
```

（2）执行下述命令创建用户 readonly。

```
pgccc=# create user readonly password 'pgcccpasswd';
```

```
CREATE ROLE
```

（3）执行下述命令来完成远程登录。

```
[postgres@10-9-105-16 data]$ psql -h 10-9-105-16 -p 5432 pgccc
readonly
psql (17.2)
Type "help" for help.

pgccc=>
```

远程连接命令格式是：psql -h 数据库服务器 IP 地址 -p 数据端口号 数据库名 用户名。

例如：

psql -h 数据库服务器 IP 地址 -p 5432 pgccc readonly

其中：

-h 为数据库服务器 IP。

-p 为端口号，默认为 5432。

pgccc 为数据库名。

readonly 为用户名。

4.5 创建和管理数据库

PostgreSQL 创建或删除数据库可以使用以下三种方式：

（1）使用 pgAdmin 工具；

（2）使用 SQL 语句 CREATE DATABASE；

（3）使用 createdb 命令。

4.5.1 使用 pgAdmin 创建 / 删除数据库

pgAdmin 的安装在 4.6 节有介绍，通过 pgAdmin 可连接已经安装好的 PostgreSQL 数据库，pgAdmin 工具提供了完整操作数据库的功能。接下来通过在 Windows 7 操作系统下使用 pgAdmin4-4.30 来创建和管理数据库。

1. 创建数据库

（1）打开 pgAdmin，依次单击"对象"→"创建"→"数据库"，如图 4-4 所示，创建数据库。

图 4-4　打开创建数据库的界面

（2）输入数据库名，如 demodb。可以根据需要在"注释"文本框处进行注释说明，如图 4-5 所示。

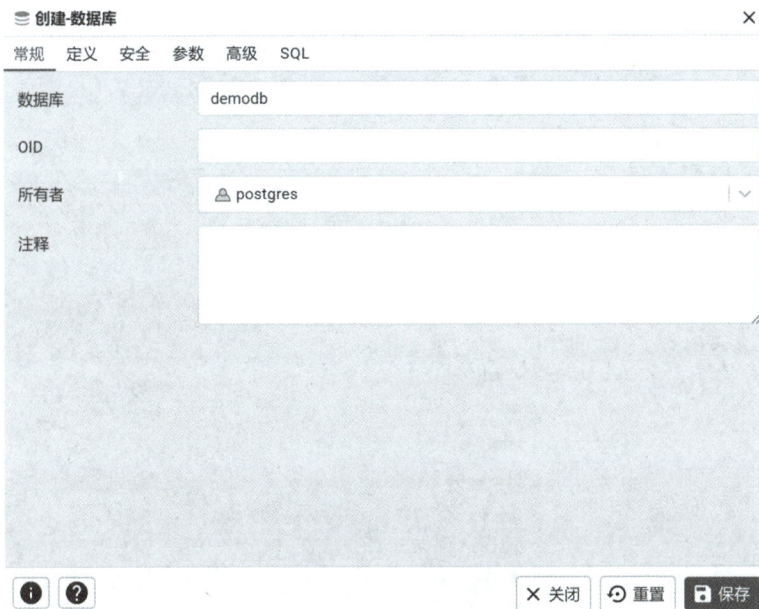

图 4-5　指定数据库名

同时，在 SQL 页面可以查看创建数据库的 SQL 代码，如图 4-6 所示。

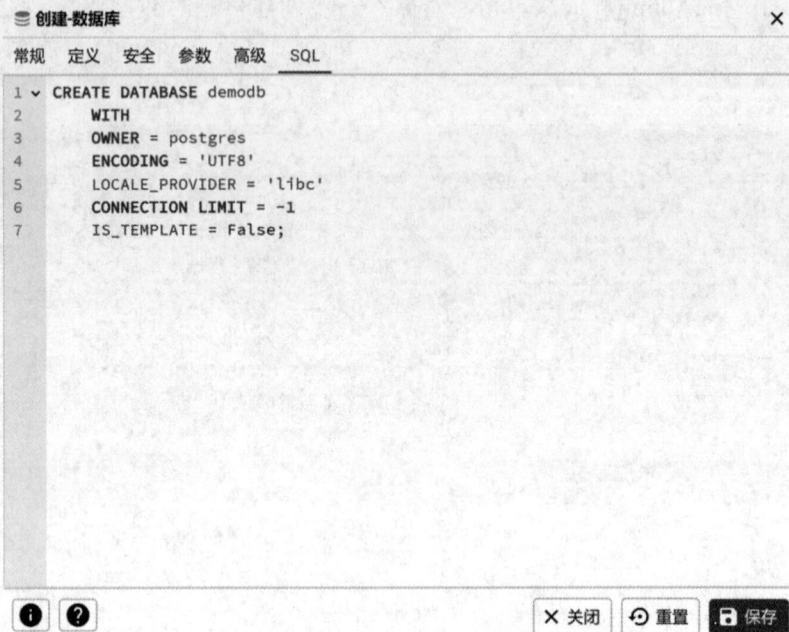

图 4-6　查看创建数据库的代码

（3）单击"保存"按钮创建数据库。创建成功后，在界面左侧可以看到数据库 demodb，如图 4-7 所示。

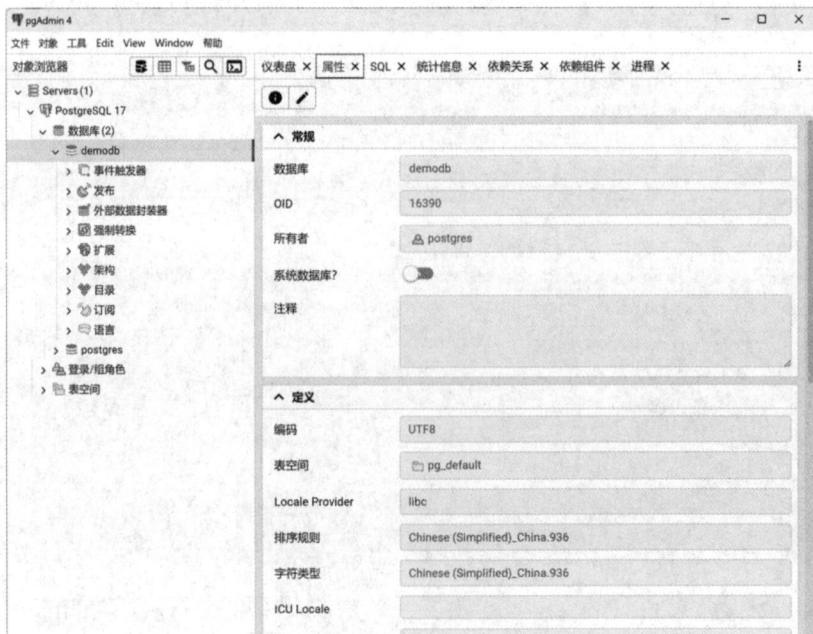

图 4-7　数据库创建成功

2. 删除数据库

删除数据库的方法是：右击数据库名，在右键菜单中选择"删除"→"移除"即可。

4.5.2 使用 SQL 语句创建 / 删除数据库

1. 创建数据库

在 SQL 中，可以通过 CREATE DATABASE 语句来创建一个新的数据库，如下例所示。

```
CREATE DATABASE demodb;
COMMENT ON DATABASE demodb
IS 'Demo DB is used to test.';
```

2. 删除数据库

使用 DROP DATABASE 语句来删除一个已经存在的数据库，如下例所示。

```
DROP DATABASE demodb;
```

4.5.3 使用操作系统命令创建 / 删除数据库

1. 创建数据库

createdb 是 SQL 命令，是对 CREATE DATABASE 进行封装后的命令。

createdb 命令的语法如下。

```
createdb [option…][dbname [description]]
```

参数说明：

[dbname]：要创建的数据库名。

[description]：关于新创建的数据库的相关说明。

[option…]：参数可选项，可以是以下值。

● -D : tablespace，指定数据库默认表空间。

● -e：将 createdb 生成的命令发送到服务器端。

● -E : encoding，指定数据库的编码。

● -l : locale，指定数据库的语言环境。

- -T：template，指定创建此数据库的模板。

- -help：显示 createdb 命令的帮助信息。

- -h：host，指定服务器的主机名。

- -p：port，指定服务器监听的端口或者 socket 文件。

- -U：username，连接数据库的用户名。

- -w：忽略输入密码。

- -W：连接时强制要求输入密码。

使用 createdb 创建数据库的示例如下所示。

```
[postgres@10-9-105-16 data]$ createdb demodb
```

也可以指定登录到哪个实例创建数据库。

```
[postgres@10-9-105-16 ~]$ createdb -h localhost -p 5432 -U postgres
demodb
```

以上命令使用超级用户 postgres 登录到主机地址为 localhost、端口号为 5432 的 PostgreSQL 数据库中，并创建 demodb 数据库。

2. 删除数据库

使用 dropdb 命令来删除数据库。

dropdb 命令是对 DROP DATABASE 进行封装后的命令，用于删除 PostgreSQL 数据库，只能由超级管理员或数据库拥有者执行。

dropdb 命令的语法如下。

```
dropdb [connection-option…][option…] dbname
```

参数说明：

dbname：要删除的数据库名。

[option…]：参数可选项，可以是以下值。

- -e：显示 dropdb 生成的命令并发送到数据库服务器。

- -i：在做删除的工作之前发出一个验证提示。

- -V：打印 dropdb 版本并退出。

- -if-exists：如果数据库不存在则发出提示信息，而不是错误信息。

- -help：显示有关 dropdb 命令的帮助信息。

- -h：host，指定运行服务器的主机名。

- -p：port，指定服务器监听的端口，或者 socket 文件。

- -U：username，连接数据库的用户名。

- -w：连接数据库的用户名。

- -W：连接时强制要求输入密码。

- -maintenance-db=dbname：删 除 数 据 库 时 指 定 连 接 的 数 据 库。 默 认 为 postgres，如果不存在则使用 template1。

使用 dropdb 命令删除数据库的示例如下所示。

```
[postgres@10-9-105-16 data]$ dropdb demodb
```

以下命令使用超级用户 postgres 登录到主机地址为 localhost、端口号为 5432 的 PostgreSQL 数据库中，并删除 demodb 数据库。

```
[postgres@10-9-105-16 data]$ dropdb -h localhost -p 5432 -U
postgres demodb
```

4.6　GUI 工具

在命令行界面下操作数据库需要花费大量时间学习，控制台显示不够友好，很难全局浏览或监控数据库与表，而图形化用户界面的客户端，如 pgAdmin、DBeaver、Navicat Premium 和 DataGrip 等，可以使用户快速上手，具有数据库信息可视化、方便远程访问、管理数据便捷、访问数据库文件函数方便的优点。

4.6.1　pgAdmin

pgAdmin（可通过官网地址下载或扫描本书二维码获取下载地址）是免费开源的第一款 PostgreSQL GUI 工具。它支持所有的 PostgreSQL 操作与功能，适用于各类用户通过它来管理数据库。pgAdmin 可以安装在 Windows、Linux 和 Mac OS 系统。

下面以 pgAdmin 4 为例进行说明。

（1）下载安装 pgAdmin 4 后，双击 pgAdmin 4 图标打开应用程序，如图 4-8 所示。

（2）设置中文。用鼠标依次单击 File → Preferences → User language，如图 4-9 所示。

图 4-8　双击 pgAdmin 4 图标

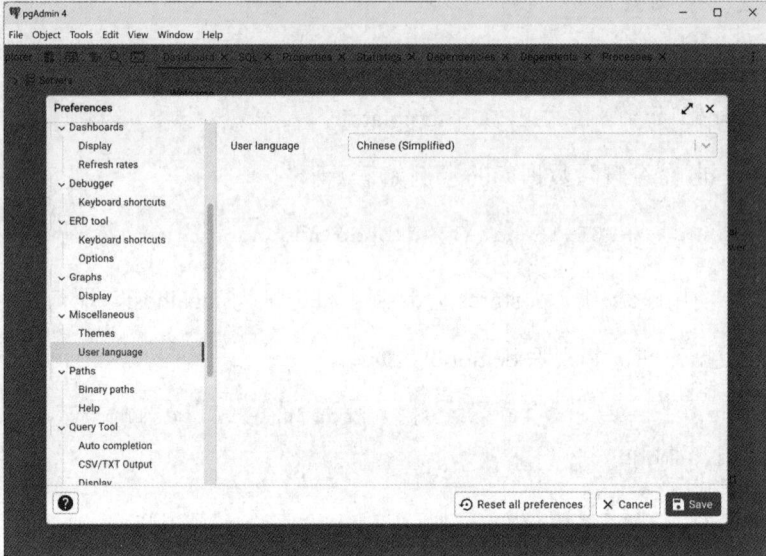

图 4-9　设置中文

（3）进入控制台，如图 4-10 所示。

图 4-10　进入控制台

（4）连接数据库。用鼠标依次单击 Servers →注册→服务器，如图 4-11 所示。

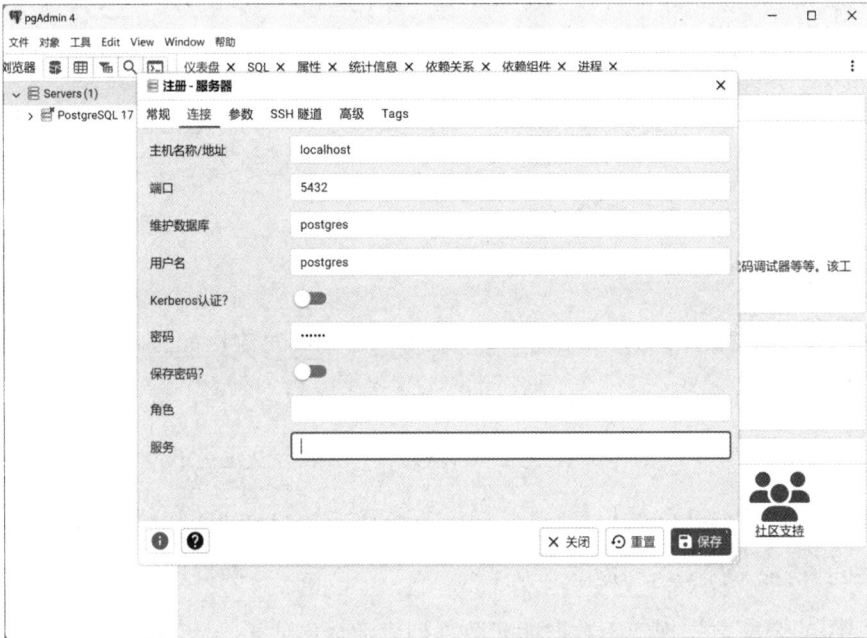

图 4-11　登录数据库

（5）管理数据库：单击对应的连接信息展开，找到对应的数据库，如图 4-12 所示。

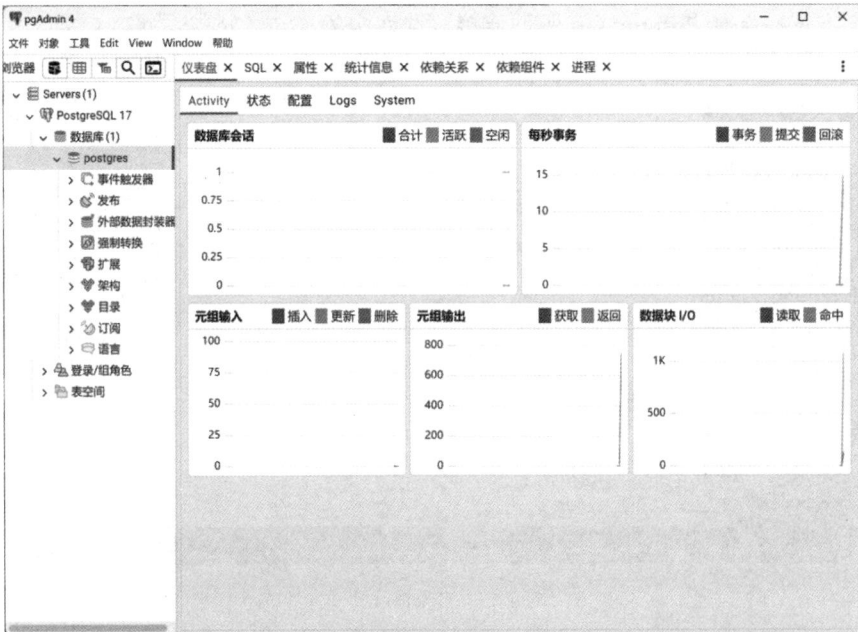

图 4-12　数据库管理

pgAdmin 可用于界面创建、编辑或查看 PostgreSQL 对象，提供语法高亮显示，图形化查询与任务计划；展示面板可以监控连接会话、每秒交易、I/O、锁、配置等信息。该 Web 应用可以部署在任意服务器上进行远程访问数据库，并且提供语言调试器来帮助用户调试代码。与其他企业级付费工具相比，pgAdmin 比较消耗资源且速度较慢。

4.6.2 DBeaver

DBeaver（官网地址为 https://dbeaver.io/）是一款受数据库管理员（DBA）和开发人员喜爱的跨平台 PostgreSQL GUI 工具（社区版本免费，标准企业版付费）。DBeaver 支持所有主流数据库，包括 MySQL、Oracle、SQL Server、DB2 等。它可以安装在 Windows、Linux 和 Mac OS 操作系统中。DBeaver 能够可视化查询构建器，降低 SQL 语法掌握要求；提供多种视图，满足不同需求；数据导航方便；提供针对表或视图的全文数据搜索；数据库元数据搜索便捷；便于导入 / 导出 CSV、XML、JSON、HTML 等文件格式；可以根据数据库生成 ER 图。相比于付费的 GUI 工具（例如 Navicat 和 DataGrip），它在处理大型数据集时可能会比较慢。

在 DBeaver 下载地址 https://dbeaver.com/download/lite/ 下载安装包，如图 4-13 所示，安装后选择 PostgreSQL 驱动连接数据库服务。

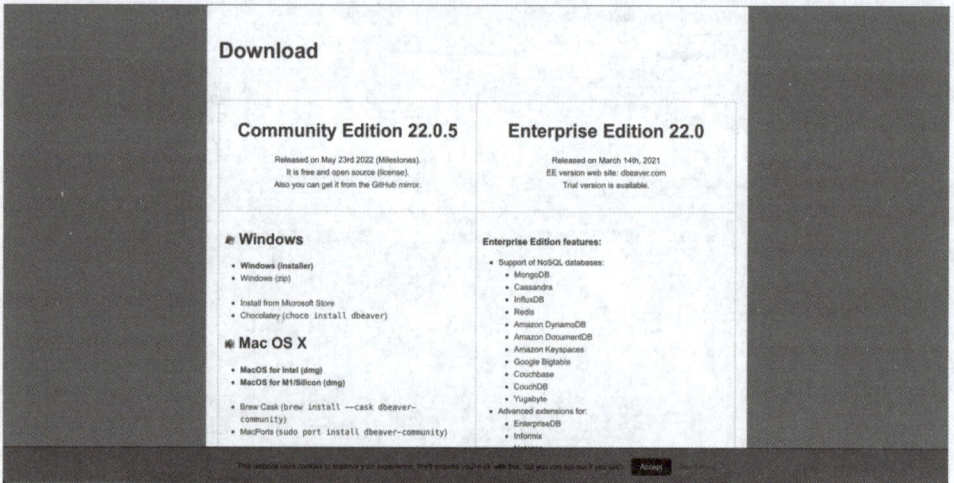

图 4-13　DBeaver 下载

比如下载 DBeaver 22.0.5 的社区版本进行安装。

（1）双击安装文件，启动安装向导，如图 4-14 所示。

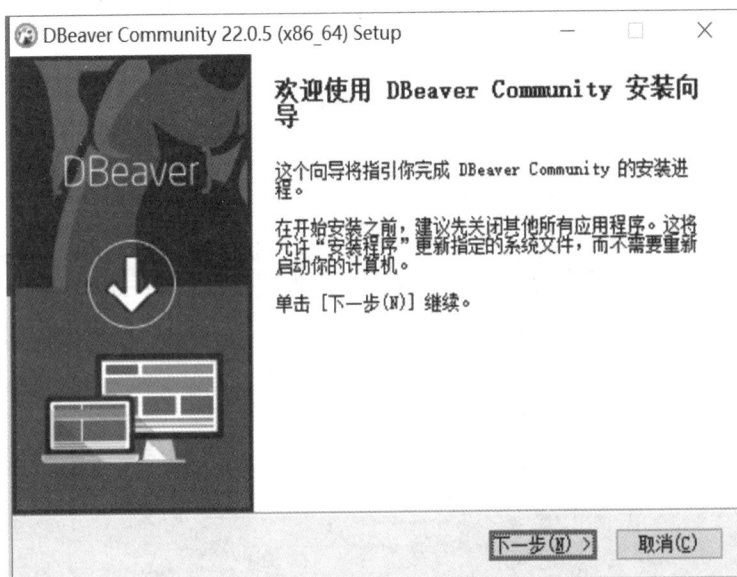

图 4-14　启动 DBeaver 安装向导

（2）首次启动会出现对话框询问是否创建样例数据库，样例数据库为 SQLlite，选择不创建。

选择 PostgreSQL 选项，单击"下一步"按钮，如图 4-15 所示。

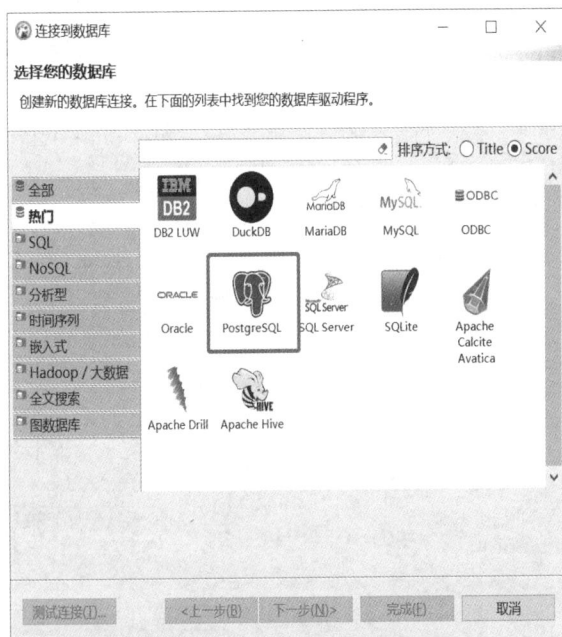

图 4-15　选择数据库驱动程序

（3）在驱动需要的文件列表中选择"org.postgresql：postgresql：RELEASE"，单击"下载"按钮进行下载，如图 4-16 所示。

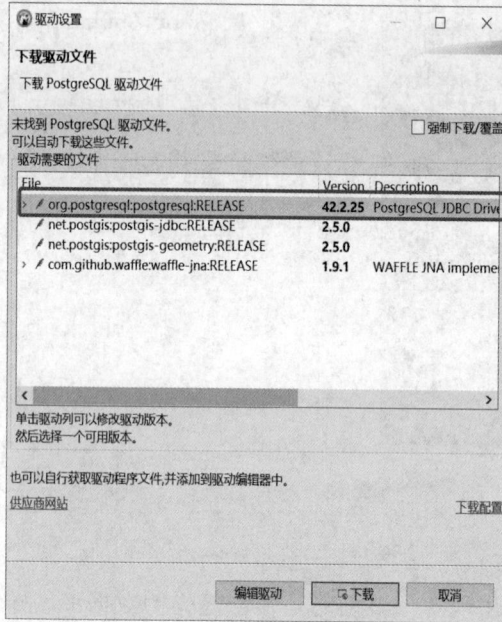

图 4-16　下载驱动文件

（4）输入连接参数，如图 4-17 所示。

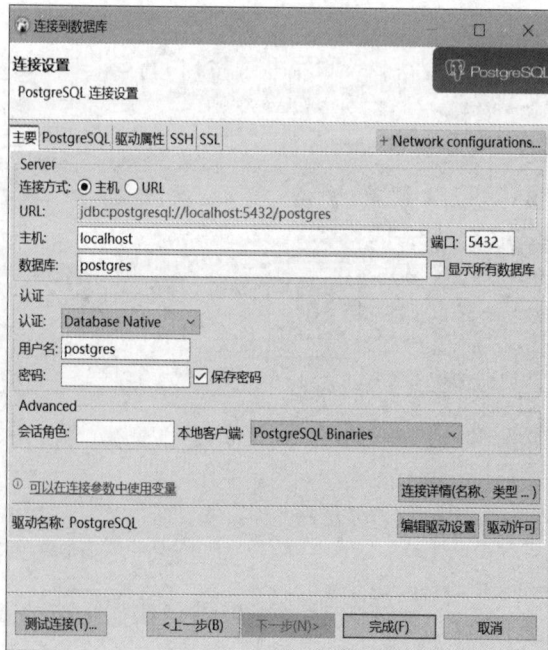

图 4-17　输入连接参数

（5）管理数据库：单击对应的连接信息展开，找到对应的数据库，如图 4-18 所示。

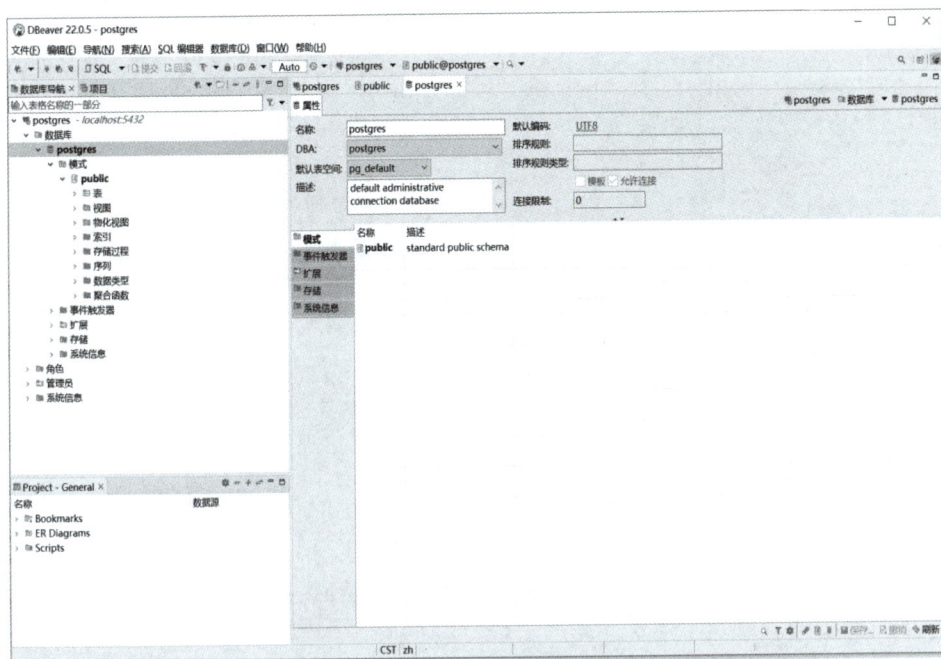

图 4-18　管理数据库

4.6.3　Navicat Premium

Navicat Premium 是一个商业版的桌面数据库 GUI 工具。它可让用户以单一程序同时连接到 MySQL、Oracle、PostgreSQL、SQLite 及 SQL Server 数据库，让管理不同类型的数据库更加方便。Navicat Premium 支持在 MySQL、Oracle、PostgreSQL、SQLite 及 SQL Server 之间传输数据；支持 Linux、Mac OS X 和 Microsoft Windows 操作系统。该软件可通过地址 http://www.navicat.com.cn/products/navicat-premium 进行下载。

（1）安装完成后进入主界面，如图 4-19 所示。

（2）连接数据库。用鼠标依次单击：File → New Connection → PostgreSQL，如图 4-20 所示。

（3）管理数据库。单击对应的连接信息展开，找到对应的数据库连接，如图 4-21 所示。

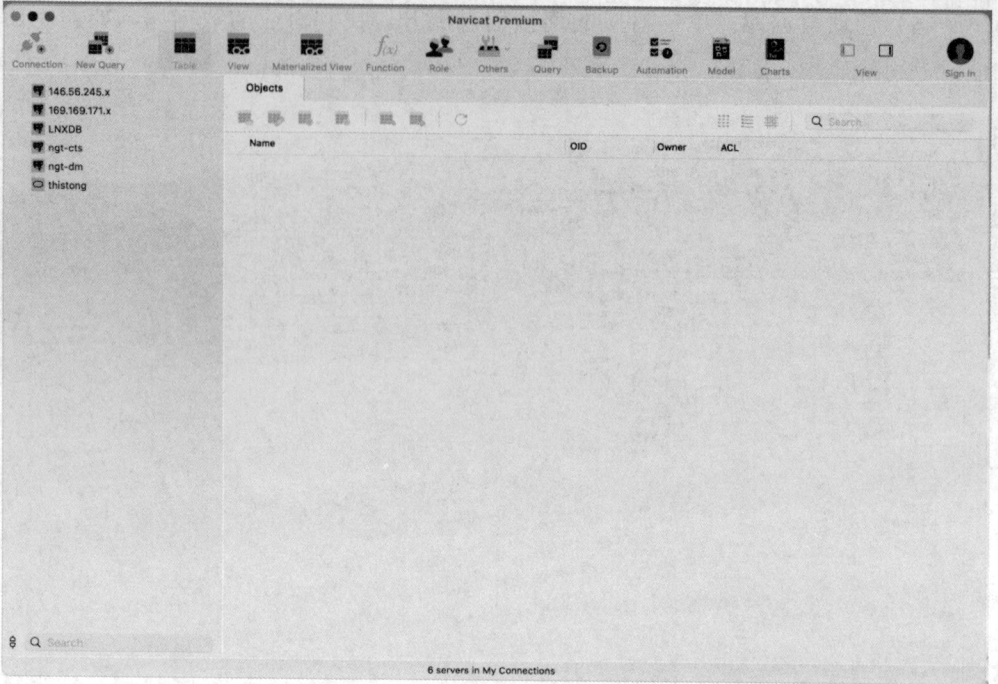

图 4-19　Navicat Premium 主界面

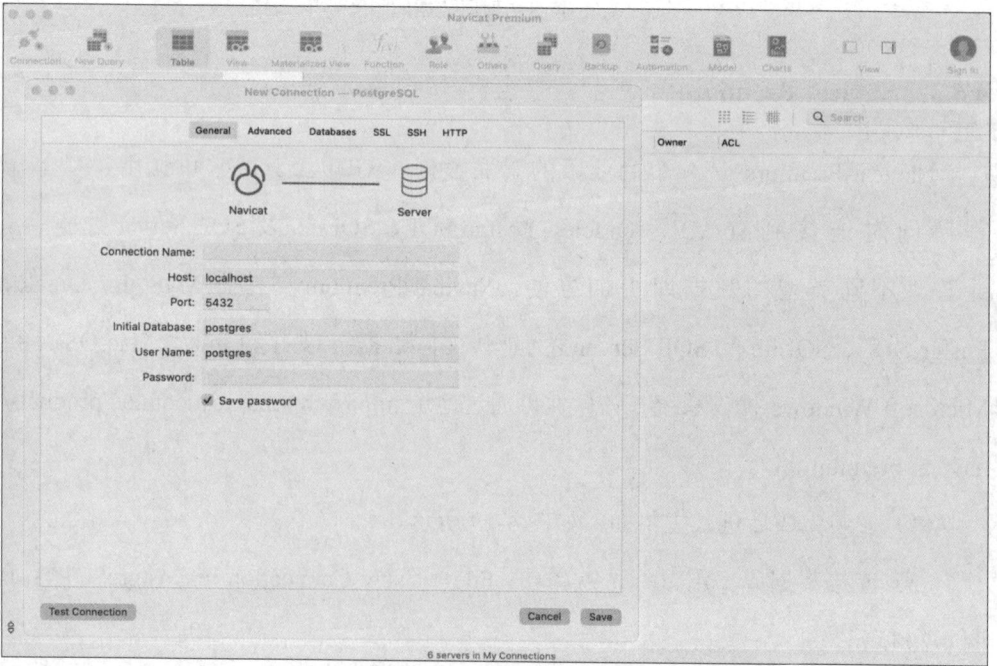

图 4-20　配置数据库连接

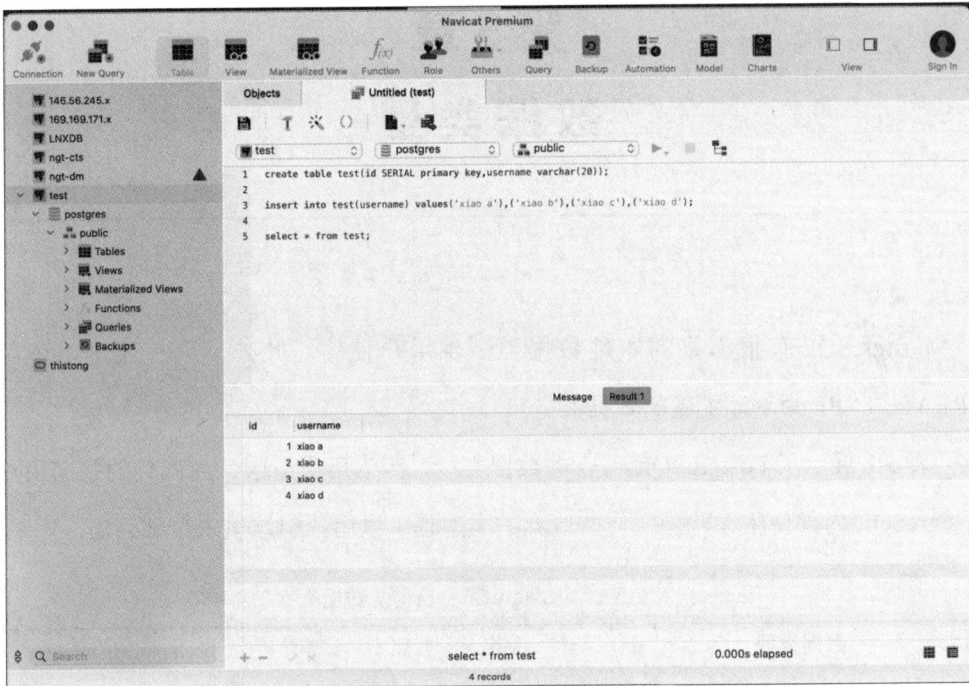

图 4-21　打开连接

（4）数据库之间的数据传输。鼠标依次单击：Tools → Data Transfer，之后可看到如图 4-22 所示的 Data Transfer 信息。

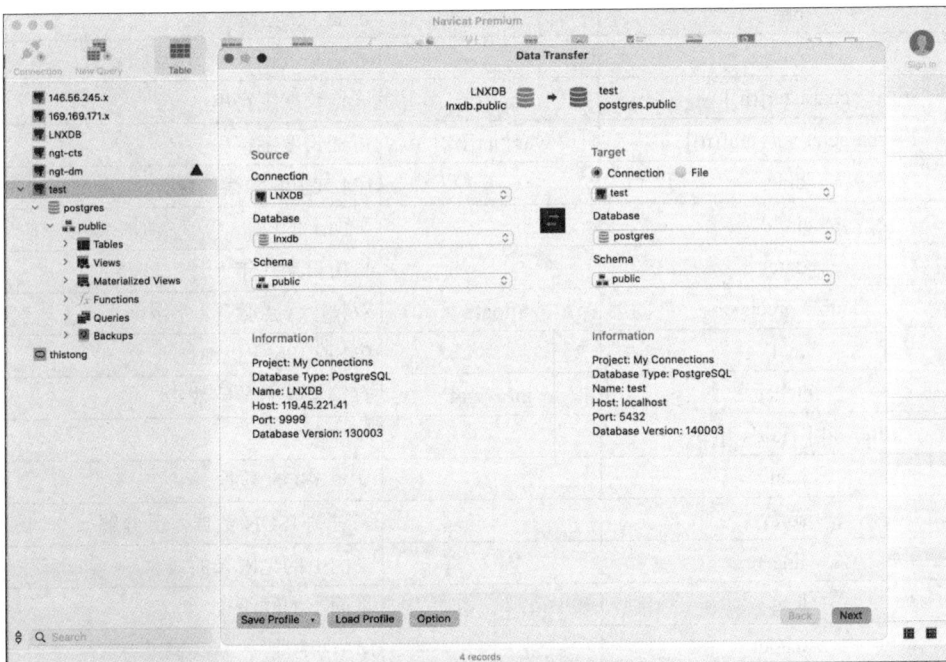

图 4-22　数据传输

第 5 章

数 据 类 型

PostgreSQL 有很丰富的本地数据类型供用户使用，此外，用户还可以使用 CREATE TYPE 命令添加新的数据类型。

表 5-1 展示了 PostgreSQL 自带的数据类型。因为历史原因，大部分的别名仍被 PostgreSQL 内部使用。此外，一些废弃的类型也可以用，但这里未全部列出。

表 5-1　PostgreSQL 自带的数据类型

数据类型	别名	说明
bigint	int8	有符号 8 字节整数
bigserial	serial8	自增长 8 字节整数
bit [(n)]		固定长度位串
bit varing [(n)]		非固定长度位串
boolean	bool	逻辑布尔值（真 / 假）
box		平面上的普通方框
bytea		二进制数据（字节数组）
character[(n)]	char[(n)]	固定长度字符串
character varying[(n)]	varchar[(n)]	可变长度字符串
cidr		IP4 或 IP6 网络地址
circle		平面上的圆
date		日历日期（年、月、日）
double precision	float8	双精度浮点数（8 字节）
inet		IP4 或 IP6 主机地址
integer	int，int4	有符号 4 字节整数
interval [fields][(p)]		时间段
json		文本 JSON 数据
jsonb		二进制 JSON 数据，已分解
line		平面上的无限长的线
lesg		平面上的线段
macaddr		MAC 地址

续表

数据类型	别名	说明
macaddr8		MAC 地址（EUI-64 格式）
money		货币数量
numeric[(p,s)]	decimal[(p,s)]	可选择精度的精确数字
path		平面上的几何路径
pg_lsn		PostgreSQL 日志序列号
pg_snapshot		用户事务 ID 快照
point		平面上的几何点
polygon		平面上的封闭几何路径
real	float4	单精度浮点数（4 字节）
smallint	int2	有符号 2 字节整数
smallserial	serial2	自增长 2 字节整数
serial	serial4	自增长 4 字节整数
text		变长字符串
time[(p)][without time zone]		一天中的时间（无时区）
time[(p)]without time zone	timez	一天中的时间（有时区）
timestamp[(p)][without time zone]		日期和时间（无时区）
timestamp[(p)]without time zone	timestampz	日期和时间（有时区）
tsquery		文本搜索查询
tsvector		文本搜索文档
txid_snapshot		用户级别事务 ID 快照
uuid		通用唯一标识码
xml		XML 数据

5.1 数值类型

数值类型由 2 字节、4 字节、8 字节整数和 4 字节、8 字节浮点数及可选择精度小数组成。PostgreSQL 中的数值类型及解释如表 5-2 所示。

表 5-2 PostgreSQL 的数值类型

数值类型	存储空间	描述	范围
smallint	2 字节	小范围整数	−32768~32767
integer	4 字节	典型的整数	−2147483648~22147483647
bigint	8 字节	大范围整数	−9223372036854775808~9223372036854775807
decimal	可变	用户指定精度，精确	在小数点前最高可有 131072 位，以及小数点后 16383 位

数值类型	存储空间	描述	范围
numeric	可变	用户指定精度，精确	在小数点前最高可有131072位，以及小数点后16383位
real	4字节	可变精度，不精确	6位十进制精度
double precision	8字节	可变精度，不精确	15位十进制精度
smallserial	2字节	自增加的小整数	1~32767
serial	4字节	自增加的整数	1~2147483647
bigserial	8字节	自增加的大整数	1~9223372036854775807

5.1.1　整数类型

整数类型有 smallint、integer 和 bigint。常用的类型是 integer，它提供了在范围、存储空间和性能之间的最佳平衡。一般只有在磁盘空间紧张的时候才使用 smallint 类型，而在 integer 的范围不够的时候才使用 bigint。

5.1.2　精确的小数类型

精确的小数类型有 numeric、numeric[（p,s）] 和 numeric（p）。其中，numeric 和 decimal 是等效的。这种数据类型可以存储超大的整数。特别推荐使用 numeric 类型存储货币型和其他要求精确的数值型数据，这是因为 numeric 类型能计算更精确的结果。然而，numeric 类型数据的计算速度比其他类型（如 integer 或者 float 类型）更慢。

numeric 类型的最大精确度和最大比例（存储小数点后的位数）都是可以配置的。要声明 numeric 类型，可使用以下语法：

```
numerlc (precision,scale)
```

其中，精度 precision 必须是正数，标度 scale 可以为 0 或者正数。

若不带精度和标度地声明 numerlc，表示该字段可以存储任意精度和标度的数据，这种类型的字段不会把输入数值转化为任何特定的标度；若带有标度，则将输入数据转化为该标度。

示例代码如下。

```
postgres=# CREATE TABLE test1 (id numeric (4),id1 numeric (4,0),
id2 numeric (4,2), id3 numeric );
CREATE TABLE
postgres=# \d+ test1;
```

```
数据表 "public.test1"
栏位 |     类型       | 校对规则 | 可空的 | 预设 | 存储 | 统计目标 | 描述
------+---------------+----------+--------+------+------+----------
+------
 id   | numeric(4,0) |          |        |      | main |
 id1  | numeric(4,0) |          |        |      | main |
 id2  | numeric(4,2) |          |        |      | main |
 id3  | numeric       |          |        |      | main |

postgres=# insert into test1 values(4.1,4.5,4.254,4.124);
INSERT 0 1
postgres=# select * from test1;
 id | id1 | id2  |  id3
----+-----+------+-------
  4 |   5 | 4.25 | 4.124
（1 行记录）

postgres=# insert into test1 values(4.1,4.5,4.254,4.124);
INSERT 0 1
postgres=# select * from test1;
 id | id1 | id2  |  id3
----+-----+------+-------
  4 |   5 | 4.25 | 4.124
（1 行记录）
```

从上述结果来看，当字段声明了标度，超过小数点位数的数字会被四舍五入；而对没有声明精度和标度的列，则会按原样存储。

对于声明精度和标度的列，若输入的数据超过了声明的精度范围，则会报错。

5.1.3 浮点类型

数据类型 real 和 double precision 是不精确的、可变精度的数值类型。

对于浮点类型，需要注意如下几点：

● 若要求准确地存储和计算（例如计算货币金额），应使用 numeric 类型。

● 用两个浮点数值进行等值比较时不可能总是按照期望进行。

● 若想用这些类型做复杂运算，尤其是那些严重依赖范围（无穷或下溢）的情况，应该仔细评估运算。

除了普通的数字值之外，浮点类型还有几个特殊值：

- Infinity：正无穷大；
- -Infinity：负无穷大；
- NaN：不是一个数字。

在不遵循 IEEE754 浮点运算的计算机上，这些值的含义可能不是预期的。如果要在 SQL 命令里把这些数值当作常量写，则必须加上单引号，比如 UPDATE TABLE test set id = 'Infinity'。

5.1.4 货币类型

要求精确地存储和计算，例如金额，可以使用货币类型来存储固定小数位数的货币数字。与浮点类型不同，货币类型是完全保证精度的。货币类型占 8 个字节存储空间，表示范围为 $-92233720368547758.08 \sim 92233720368547758.07$。

示例如下。

```
create test2 (id serial);
postgres=# show lc_monetary;
    lc_monetary
-------------------
 Chinese_China.936
（1 行记录）
postgres=#  select '100.01'::money;
  money
----------
¥100.01
（1 行记录）
postgres=# set lc_monetary = 'en-US.UTF-8';
SET
postgres=# select '100.01'::money;
  money
---------
 $100.01
 （1 行记录）
```

从上面的例子可以看到，对于 '100.01'，若是中文，则输出￥100.01，若是英文，则输出 $100.01。这是由于这种货币类型的输出是区域敏感的，因此将 money 数据装入一个具有不同 lc_monetary 设置的数据库是不起作用的。为了避免此类问题，在导入到一个新数据库中之前，应确保新数据库的 lc_monetary 设置与被导出数据库的相同或者具有等效值。

5.1.5 序数类型

在 PostgreSQL 中，序数类型包含 smallserial、serial 和 bigserial，可以通过 SEQUENCE 来实现同样的效果。例如，下面的语句：

```
create test2 (id serial);
```

等价于下面几行语句。

```
CREATE SEQUENCE seq_test2;
CREATE TABLE test2(id INTEGER NOT NULL DEFAULT nextval('seq_
test2')
);
ALTER SEQUENCE seq_test2 OWNED BY test2.id;
```

5.2 字符串类型

5.2.1 字符串类型介绍

PostgreSQL 中的字符串类型如表 5-3 所示。

表 5-3 PostgreSQL 的字符串类型

字符串类型	描述
character varying(n)	有限制变长字符串，最大 1GB
varchar(n)	有限制变长字符串，最大 1GB
Character(n) char(n)	定长，不足时补空字符，最大 1GB
text	变长，无限制长度

character varying(n) 和 character(n) 是 SQL 定义的两种基本的字符类型，其中 n 为字符串的长度，是正整数，即存储最多 n 个字符长的串。如果要存储的字符

串比声明的长度短，类型为 character(n) 的值将会用空白填满，而类型为 character varying(n) 的值将只是存储这个短的串。

character varying(n) 和 character(n) 用法的示例如下。

```
postgres=# CREATE TABLE test3(name1 character varying(4),
postgres(# gender character(2));
CREATE TABLE
postgres=# insert into test3 values('aaa','1');
INSERT 0 1
postgres=# insert into test3 values('bbb','01');
INSERT 0 1
postgres=#
postgres=# select * from test3;
 name1 | gender
-------+--------
 aaa   | 1
 bbb   | 01
（2 行记录）
```

从上面的示例可以看出，character(n) 的值将会用空白补位，而 character varying(n) 仅存储现有值长度的字符串。

当然，若存储的值超过 character varying(n) 和 character(n) 的限制，则会抛出错误提示，如下所示。

```
postgres=# insert into test3 values('cccccc','01');
2021-11-29 11:22:29.884 HKT [2500] ERROR:  value too long for type
character varying(4)
2021-11-29 11:22:29.884 HKT [2500] STATEMENT:  insert into test3
values('cccccc','01');
ERROR:  value too long for type character varying(4)
```

若 character varying(n) 和 character(n) 未作长度声明，那么 character varying 接受任意长度的字符串，character(n) 相当于 character(1)。不作长度声明这种用法是 PostgreSQL 的扩展功能，其他数据库一般不支持。

若想存储没有指定上限的字符串，建议使用 text 类型。

5.2.2 常用的字符串函数

PostgreSQL 支持多种字符串操作函数，常用的如表 5-4 所示。

表 5-4 PostgreSQL 的常用字符串函数

字符串函数	返回类型	描述	例子	结果
String || String	text	字符串连接	'Postgre'||'SQL'	PostgreSQL
char_length(string)	int	字符串长度	select char_length('aaa');	3
character_length (string)	int	字符串长度	select character_length('aaa');	3
lower(string)	text	把字符串转换为小写	select lower('AAA');	aaa
upper(string)	text	把字符串转换为大写	select upper('aaa');	AAA
substring(string from [int] for [int])	text	抽取字符串	select substring('PostgrSQL' from 7 for 9);	SQL

5.3 日期和时间类型

PostgreSQL 中有关日期和时间的类型如表 5-5 所示。

表 5-5 PostgreSQL 的日期和时间类型

日期和时间类型	存储空间	描述	最小值	最大值	解析度
timestamp[(p)] [without time zone]	8 字节	包括日期和时间（不含时区）	4713 BC	294276 AD	1ms
timestamp[(p)] with time zone	8 字节	包括日期和时间（含时区）	4713 BC	294276 AD	1ms
date	4 字节	日期（不含一天中的时间）	4713 BC	5874897 AD	1d
time [(p)][without time zone]	8 字节	一天中的时间（不含日期）	00:00:00	24:00:00	1μs
time [(p)] with time zone	12 字节	一天中的时间（不含日期），带有时区	00:00:00+1459	24:00:00−1459	1ms
interval [fields][(p)]	16 字节	时间间隔	−178000000 年	178000000 年	1ms

PostgreSQL 的时间类型精确到秒以下。time、timestamp 和 interval 接受一个可选的精度值 p，用来声明在秒域中小数点之后保留的位数，若无声明，则 timestamp 和 interval 类型的 p 的范围是 0~6。

5.3.1　日期的输入

任何时间或日期的输入需要由时间或日期类型加单引号包括的字符串组成，语法如下。

```
Type[(p)] 'value'
```

输入日期和时间数据可以使用任何合乎规范的格式，例如 ISO 8601、SQL（Ingres）、传统的 Postgres（UNIX 的 date 格式）或 German 等。由于某些格式在输入日期的月和日部分时可能让人产生疑惑，因此，系统支持自定义这些字段的顺序。例如 Datestyle 参数，默认格式为'MDY'，即'月 - 日 - 年'，若参数设置为'DMY'，则解析为'日 - 月 - 年'。

输入日期类型数据的示例如下。

```
postgres=# CREATE TABLE test4(birth date);
CREATE TABLE
postgres=# insert into test4 values(date '20210101');
INSERT 0 1
postgres=# select * from test4;
   birth
------------
 2021-01-01
（1 行记录）
```

5.3.2　时间的输入

输入时间时，一般需要注意时区，time[（p）][without time zone] 被认为类型为不带时区信息的时间值，即使字符串中有时区，有时也会被忽略，如下例所示。

```
postgres=# select time '12:00:01';
   time
----------
 12:00:01
 （1 行记录）


postgres=# select time '12:00:01 PST';
   time
```

```
----------
 12:00:01
（1 行记录）


postgres=# select time without time zone '12:00:01 PST'
postgres-# ;
    time
----------
 12:00:01
（1 行记录）
```

5.3.3 常用的时间函数

PostgreSQL 提供了很多返回当前时间或日期的函数。下列函数在当前事务的开始时刻返回结果：

- now()：当前日期和时间。
- Transaction_timestamp()：当前日期和时间。
- current_date：当前日期。
- current_time：当前时间，返回带精度的、有时区的结果。
- current_timestamp：当前日期和时间，返回带精度的、有时区的结果。
- Localtime：当前时间，返回带精度的、不带时区的结果。
- Localtimestamp：当前日期和时间，返回带精度的、不带时区的结果。

current_time、current_timestamp、Localtime 和 Localtimestamp 函数可以有选择地给一个精度参数，返回一个四舍五入的指定小数位的秒数值；若无精度参数，则将返回全部的数值，示例如下。

```
postgres=# begin;
BEGIN
postgres=*# select current_time;
    current_time
-------------------
 11:26:57.293915+08
（1 行记录）
```

```
postgres=*# select current_date;
 current_date
--------------
 2021-11-29
（1 行记录）


postgres=*# select current_timestamp;
       current_timestamp
-------------------------------
 2021-11-29 11:26:57.293915+08
（1 行记录）


postgres=*#
postgres=*# select current_timestamp(2);
     current_timestamp
----------------------------
 2021-11-29 11:26:57.29+08
（1 行记录）


postgres=*#
postgres=*# select Localtimestamp;
       localtimestamp
----------------------------
 2021-11-29 11:26:57.293915
（1 行记录）


postgres=*# end
postgres-*# ;
COMMIT
```

5.4 布 尔 类 型

5.4.1 布尔类型的定义

PostgreSQL 提供了标准的布尔（boolean）类型。boolean 类型的状态要么是"true"（真），要么是"false"（假）；若是"unknown"（未知）则用 NULL 表示。boolean 类型在 SQL 中可以用不带引号的 TRUE 或 FALSE 表示，也可以用更多表示真和假的带引号的字符输入，如'true'、'false'、'yes'、'no'等。

示例代码如下。

```
postgres=# CREATE TABLE test5 (id int, col1 boolean,col2 text);
CREATE TABLE
postgres=# insert into test5 values (1,TRUE,'TRUE');
INSERT 0 1
postgres=# insert into test5 values (2,FALSE,'FALSE');
INSERT 0 1
postgres=# insert into test5 values (3,tRUE,'tRUE');
INSERT 0 1
postgres=# insert into test5 values (4,fALSE,'fALSE');
INSERT 0 1
postgres=# insert into test5 values (5,'true','true');
INSERT 0 1
postgres=# insert into test5 values (6,false,'false');
INSERT 0 1
postgres=# insert into test5 values (7,'t','t');
INSERT 0 1
postgres=# insert into test5 values (8,'f','f');
INSERT 0 1
postgres=# insert into test5 values (9,'t','''t''');
INSERT 0 1
postgres=# insert into test5 values (10,'y','y');
INSERT 0 1
postgres=# insert into test5 values (11,'no','no');
INSERT 0 1
```

```
postgres=# insert into test5 values (12,'1','1');
INSERT 0 1
postgres=# select * from test5;
 id | col1 | col2
----+------+-------
  1 | t    | TRUE
  2 | f    | FALSE
  3 | t    | tRUE
  4 | f    | fALSE
  5 | t    | true
  6 | f    | false
  7 | t    | t
  8 | f    | f
  9 | t    | 't'
 10 | t    | y
 11 | f    | no
 12 | t    | 1
（12 行记录）
```

5.4.2　布尔类型操作符

布尔类型分为逻辑操作符和比较操作符。常用的逻辑操作符有 AND、OR 和 NOT，使用常用的三值布尔逻辑示意逻辑操作运算，如表 5-6、表 5-7 所示。

表 5-6　布尔逻辑 AND、OR 运算真值表

a	b	a AND b	a OR b
TRUE	TRUE	TRUE	TRUE
TRUE	FALSE	FALSE	TRUE
TRUE	NULL	NULL	TRUE
FALSE	FALSE	FALSE	FALSE
FALSE	NULL	FALSE	NULL
NULL	NULL	NULL	NULL

表 5-7　布尔逻辑 NOT 运算真值表

a	NOT a
TRUE	FALSE
FALSE	TRUE
NULL	NULL

操作符 AND 和 OR 是符合交换运算规律的，即"a AND b"等价于"b AND a"。

布尔类型还可以使用比较操作符"IS"，具体用法如下。

```
expression IS TRUE
expression IS NOT TRUE
expression IS FALSE
expression IS NOT FALSE
expression IS UNKNOWN
expression IS NOT UNKNOWN
```

5.5 json 和 jsonb 类型

5.5.1 json 和 jsonb 类型简介

PostgreSQL 提供存储 JSON 数据的两种类型：json 和 jsonb。json 类型和 jsonb 类型接受几乎完全相同的值集合作为输入，主要的区别之一是效率。

json 类型的数据存储输入文本的精准备份，处理函数在每次执行时必须重新解析该数据；而 jsonb 类型的数据被存储在一种分解好的二进制格式中，它在输入时要稍慢一些，因为需要做附加的转换。但是，jsonb 类型的数据在处理时要快很多，因为不需要解析。jsonb 类型的数据也支持索引，这是一个令人瞩目的优势。

PostgreSQL 对每个数据库只允许使用一种字符集编码，因此 json 类型不可能严格遵守 json 规范，除非数据库编码采用 UTF-8。尝试在数据库中直接使用数据库编码中无法表示的字符将会失败；反过来，能在数据库编码中表示但是不在 UTF-8 中的字符是被允许的。

当将一个 json 类型的字符串转换为 jsonb 类型时，如果 json 字符串中包含指定的数据类型（例如字符串、数字、布尔值等），则转换后的 jsonb 数据会根据数据库中与该值匹配的实际数据类型来解释其数值。json 字符串内的数据类型实际上缓存了 PostgreSQL 数据库中的类型，两者的映射关系如表 5-8 所示。值得注意的是，jsonb 类型不能输出超过 numeric 数据类型范围的值。

表 5-8　json 类型与 PostgreSQL 类型的映射关系

json 类型	PostgreSQL 类型	注意
String	Text	字符集有一些限制
Number	numeric	json 中没有 PostgreSQL 中的 "NaN" 和 "infinity" 值
Boolean	Boolean	json 类型仅接受小写的 "true" 和 "false"
Null	（none）	SQL 中的 NULL 代表不同的意思

5.5.2　json 和 jsonb 类型的输入 / 输出

下面通过示例说明 json 和 jsonb 类型的用法。首先介绍 json 类型的用法。

```
postgres=# select
'2021'::json,'"post"'::json,'true'::json,'null'::json;
 json | json | json | json
------+--------+------+------
 2021 | "post" | true | null
（1 行记录）
```

使用 json 数据类型可以将 json 格式的数据存储在 PostgreSQL 中。存储 json 数据的列可以用表达式进行检索，以获得 json 数据的完整性或部分结构。json 数据可以使用文本形式插入表中，也可以使用 cast 函数将文本字符串转换为 json 数据类型并插入表中。

PostgreSQL 提供了一系列的操作符和函数，用于操作 json 数据。这些操作符和函数可以用于访问及修改 json 数据的值，或者进行 json 数据类型之间的转换。

对 json 数据列创建索引可以加速针对 json 数据类型的查询。PostgreSQL 支持在 json 数据类型列或 json 字段上创建索引，以支持针对 json 数据类型的常见操作，如过滤、查询、按键排序等。

另外，也可以使用把类型名称放在单引号限定的字符串前面的格式，如下例所示。

```
postgres=# select json '"post"', json '2021',json 'true',json
'null';
  json  | json | json | json
--------+------+------+------
 "post" | 2021 | true | null
（1 行记录）
```

下例使用 jsonb 类型，查询 4 个 jsonb 类型的常量值，分别为字符串 "post"、整数 2021、布尔值 true 和 null 值 null。在查询中，jsonb 关键字用于将括号括起来的常量值转换为 jsonb 类型。由于括号中的常量值已经符合 jsonb 格式，因此 PostgreSQL 不需要解析或转换这些值，而是直接将它们作为 jsonb 类型返回。

```
postgres=# select jsonb '"post"', jsonb '2021',jsonb 'true',jsonb
'null';
 jsonb  | jsonb | jsonb | jsonb
--------+-------+-------+-------
 "post" | 2021  | true  | null
（1 行记录）
```

5.6   pg_lsn 类型

5.6.1   pg_lsn 类型说明

pg_lsn 数据类型可以被用来存储 LSN（日志序列号）数据，LSN 数据是指向 WAL 中的位置的指针。pg_lsn 类型是 XLogRecPtr 的一种表达，它是 PostgreSQL 的一种内部系统类型。

在系统内部，LSN 是一个 64 位整数，表示在预写式日志流中的一个字节位置。它被打印成两个最高为 8 位的十六进制数，中间用斜线分隔，例如 16/B374D848。pg_lsn 类型支持标准的比较操作符，如"="和">"。两个 LSN 数据间可以用"-"操作符做减法，结果将是分隔两个预写式日志位置的字节数。

pg_lsn 类型常用于 WAL 日志信息的系统表中，如下例所示。

```
postgres=# \d pg_stat_replication;
视图 "pg_catalog.pg_stat_replication"
       栏位       |          类型          | 校对规则 | 可空的 | 预设
------------------+------------------------+----------+--------+--
 pid              | integer                |          |        |
 usesysid         | oid                    |          |        |
 usename          | name                   |          |        |
 application_name | text                   |          |        |
```

```
client_addr       | inet                      |    |    |
client_hostname   | text                      |    |    |
client_port       | integer                   |    |    |
backend_start     | timestamp with time zone  |    |    |
backend_xmin      | xid                       |    |    |
state             | text                      |    |    |
sent_lsn          | pg_lsn                    |    |    |
writereply        | pg_lsn                    |    |    |
flush_lsn         | pg_lsn                    |    |    |
replay_lsn        | pg_lsn                    |    |    |
write_lag         | interval                  |    |    |
flush_lag         | interval                  |    |    |
replay_lag        | interval                  |    |    |
sync_priority     | integer                   |    |    |
sync_state        | text                      |    |    |
reply_time        | timestamp with time zone  |    |    |
```

在上面的示例中，pg_stat_replication 命令看到的 sent_lsn、write_lsn、flush_lsn 和 replay_lsn 等都是 pg_lsn 类型。

5.6.2　常用返回结果为 pg_lsn 的操作函数

在 PostgreSQL 中，有些操作函数用来查看具体的 LSN，其返回的结果均为 pg_lsn 类型。这些操作函数如表 5-9 所示。

表 5-9　常用返回结果为 pg_lsn 的操作函数

函数名	返回类型	说明
pg_current_wal_flush_lsn（）	pg_lsn	获得当前的预写式日志刷写到磁盘上的位置
pg_current_wal_insert_lsn（）	pg_lsn	获得当前预写式日志插入位置
pg_current_wal_lsn（）	pg_lsn	获得当前预写式日志写入位置
pg_switch_wal（）	pg_lsn	强制切换到一个新的预写式日志文件（默认只限于超级用户，但是可以授予其他用户 EXECUTE 特权来执行该函数）
pg_walfile_name（lsn text）	pg_lsn	转换预写式日志位置字符串为文件名
pg_walfile_name_offset（lsn text）	pg_lsn	转换预写式日志位置字符串为文件名以及文件内的十进制字节偏移

查看当前的 LSN 和预写式日志的示例代码如下所示。

```
postgres=# ---查看当前的LSN和wal 名称
postgres=# select
pg_current_wal_lsn ( ) , pg_walfile_name (pg_current_wal_lsn ( ) ) ;
 pg_current_wal_lsn |       pg_walfile_name
--------------------+--------------------------
 0/178D3A8          | 000000010000000000000001
（1 行记录）
```

练习题和答案

（1）有关 numeric 的说法正确的是（   ）。

    A. numeric（m,n），m 表示标度，n 表示精度

    B. numeric（m,n），m 表示精度，n 表示标度

    C. 对于明确精度的 numeric 类型，insert 插入超长会报错

    D. numeric 是浮点类型

    正确答案：B、C

（2）下面有关字符串类型的说法正确的是（   ）。

    A. character varying（n）是定长

    B. character varying（n）是变长

    C. character（n）是定长，不足补空白

    D. text 是变长

    正确答案：B、C、D

（3）关于 pg_lsn 类型的说法错误的是（   ）。

    A. pg_lsn 数据类型可以被用来存储 LSN（日志序列号）数据，LSN 是一个指向
       预写式日志（WAL）中的位置的指针

    B. 在内部，LSN 是一个 128 位整数，表示在预写式日志流中的一个字节位置

    C. pg_switch_wal（）强制切换到一个新的预写式日志文件（默认只限于超级用
       户，但是可以授予其他用户 EXECUTE 特权来执行该函数）

    D. pg_current_wal_lsn（）获得当前预写式日志写入位置

    正确答案：A

第 6 章
SQL 入门

SQL 是 Structured Query Language（结构化查询语言）的缩写，它既是关系型数据库的操作语言，又是非关系型数据库的一个接口。本章将介绍最基本的 SQL 语句分类和语法结构，带领没有数据库基础的读者入门。

6.1　SQL 语句语法简介

6.1.1　SQL 语句分类

SQL 语句一般分为三类，分别是 DDL、DML 和 DQL。

（1）DDL 是 Data Definition Language（数据定义语言）的缩写，是用于创建、删除、修改表、索引等数据库对象的语言。

（2）DML 是 Data Manipulation Language（数据操纵语言）的缩写，主要用于插入、更新、删除数据（即 INSERT、UPDATE、DELETE 三种语句）。

（3）DQL 是 Data Query Language（数据查询语言）的缩写，即如何从数据库中检索。

6.1.2　语言结构

SQL 语句是一个命令序列。一个命令由一个记号的序列构成，并由一个分号（;）结束。记号可以由关键字、标识符、带引号的标识符或特殊字符等组成。SQL 命令里也可以包含注释，只是这些注释被语法分析器视为空白。

例如，下面是一个语法合法的 SQL 语句。

```
SELECT * FROM CUSTOMER;
```

```
UPDATE CUSTOMER SET CNAME='AAA';
INSERT INTO CUSTOMER VALUES ('5812','北京超市1','1');
```

该 SQL 语句是由三个命令组成的序列，每行一个命令（命令也可以跨行写，主要以结束符为标志）。

另外，PostgreSQL 不区分大小写，所有的大小写字母到后台都会自动转换为小写字母。

6.1.3 标识符和关键字

上例中 SELECT、UPDATE 和 SET 记号均是 SQL 命令里的关键字，它们是 SQL 语言中具有特殊意义的词。SQL 标识符和关键字必须以一个字母（a～z）或一个下画线（_）开始。

PostgreSQL 中的关键字和不被引号修饰的标识符对字母大小是不敏感的。因此

```
UPDaTE CUSTOMER SET CNaMe='AAA';
```

等价于

```
update customer set cname='AAA';
```

习惯上对关键字使用大写字母，而名称使用小写字母，如下所示。

```
UPDATE customer SET cname='AAA';
```

6.2 DDL 语句

DDL 语句是创建、修改和删除数据库对象的语句，要想掌握 SQL，必须对 DDL 语句有一定的了解。

6.2.1 建表语句

在关系型数据库中最基本的对象就是表，它非常像纸上的一张表，由行和列组成。列的数量和顺序是固定的，并且每一列都拥有一个名字，不同的列有不同的数据类型，可能是字符串类型、数值类型或日期类型等。行的数目是变化的，除非明确指定需要排序，否则表中的行将以非特定顺序出现。

创建表的语法如下。

```
CREATE TABLE table_name (
    column1 datatype,
    column2 datatype,
    column3 datatype,
    ......
    columnN datatype,
    PRIMARY KEY ( one or more columns )
);
```

CREATE TABLE 语句在当前数据库创建一个新的空白表，该表将由发出此命令的用户所拥有。

若给出了 schema 名（如 CREATE TABLE public.customer …），那么在指定的模式（schema）中创建表，否则在当前模式中创建表。临时表存在于一个特殊的模式中，因此创建临时表时不能指定模式名。

CREATE TABLE 语句还自动创建一个与该表的行对应的复合数据类型。因此，表不能和同一个模式中现有的数据类型同名。

可选的约束子句用于声明约束，新行或更新的行必须满足这些约束才能成功插入或更新。约束是一个 SQL 对象，它以多种方式协助在表上定义有效数值的集合。

定义约束有两种方式：表约束和列约束。列约束必须在列定义时定义，并且只能作用于一列上，而不能作用于多列上。如果一个约束只影响一列，那么将该约束定义为列约束可以使语法更为简洁。与此相反，表约束可以作用于多列上，也可以作用于整个表上。与列约束不同的是，表约束并不是与特定的列绑定在一起的，而是独立于表的各列。表约束通常用于限制列之间的关系，例如 PRIMARY KEY、UNIQUE、CHECK 约束等。使用表约束可以更为清晰地表达数据库中列之间的约束关系，在某些情况下能有效地简化数据库的设计。

PostgreSQL 数据库系统既支持标准的创建表的语法，也支持最简单的建表语法，示例如下。

```
CREATE TABLE public.customer (
    cid integer NOT NULL,
    cname character varying(20),
```

```
    lid smallint
);
```

其中，CREATE TABLE 是关键词，表示创建表；customer 是表的名字。

表一般都有主键（Primary key），主键就是被挑选出来作为表的行的唯一标识的候选关键字（也就是用于标识一行）。主键可以由一个字段组成，也可以由多个字段组成。要想给表增加主键，可以直接在建表语句中增加，也可以使用约束子句指定主键，示例如下。

● 在建表语句中直接加主键，如下例所示。

```
CREATE TABLE public.customer (
    cid integer NOT NULL,
    cname character varying(20),
lid smallint,
Primary key (cid )
);
```

本例中，字段 cid 作为主键。

● 在约束子句中加主键，示例如下。

```
ALTER TABLE ONLY public.customer  ADD CONSTRAINT customer_pkey
PRIMARY KEY (cid);
```

如果主键由两个以上的字段组成，称为复合主键。

建表时，可以指定唯一键（UNIQUE）。唯一键的作用是避免添加重复数据，也就是说如果想保证某一个字段的值永远不重复，那么就可以将这个字段设置为唯一键。唯一键也是一种约束，示例如下。

```
CREATE TABLE public.customer (
    cid integer NOT NULL,
    cname character varying(20),
lid smallint,
Constraint uk_id UNIQUE(cid)
);
```

6.2.2　删除表语句

删除表的语法很简单，如下所示。

```
DROP TABLE table_name;
```

其中，DROP TABLE 是关键字，table_name 表示要删除的表名。假设要删除前面创建的 customer 表，则使用下面的 SQL 语句。

```
DROP TABLE  IF EXISTS customer;
```

这里 IF EXISTS 是关键字，表示先判断表是否存在，若存在，则删除该表。

6.2.3　修改表结构

当已经创建了一个表并意识到犯了一个错误或者应用需求发生改变时，可以用删除表语句移除表并重新创建它。当然，这个删除表操作要谨慎。一般情况下，如果已存在的表需要修改表结构，可以使用 ALTER TABLE 命令来完成，比如：

- 增加列；
- 移除列；
- 增加约束；
- 移除约束；
- 修改列的默认值；
- 修改列的数据类型；
- 重命名列；
- 重命名表。

1. 增加列

如果要给表 customer 增加一列，可以使用下列语句。

```
ALTER TABLE customer ADD COLUMN address varchar (2000);
```

现在，我们看一下表 customer 的表结构。

```
postgres=# \d customer;
数据表 "public.customer"
栏位        |           类型           | 校对规则 | 可空的  | 预设
------------+--------------------------+----------+----------+------
 cid        | integer                  |          | not null |
 cname      | character varying(20)    |          |          |
 lid        | integer                  |          |          |
```

```
 cn_address | character varying(2000)|          |          |
address     | character varying(2000)|          |          |
```
索引：
```
    "customer_pkey" PRIMARY KEY, btree (cid)
```
外键（FK）限制：
```
    "customer_lid_fkey" FOREIGN KEY (lid) REFERENCES location
(lid) ON UPDATE CASCADE ON DELETE CASCADE
```
由引用：
```
    TABLE "orders" CONSTRAINT "orders_cid_fkey" FOREIGN KEY (cid)
REFERENCES customer(cid) ON UPDATE CASCADE ON DELETE CASCADE
```

2. 移除列

如果要将表 customer 移除一列，可以使用下列语句。

```
ALTER TABLE customer DROP COLUMN address;
```

现在，我们看一下表 customer 的表结构。

```
postgres=# \d customer;
数据表 "public.customer"
栏位     |          类型               | 校对规则 |  可空的  |  预设
------------+-------------------------+--------+----------+------
 cid        | integer                 |        | not null |
 cname      | character varying(20)   |        |          |
 lid        | integer                 |        |          |
 cn_address | character varying(2000) |        |          |
索引：
    "customer_pkey" PRIMARY KEY, btree (cid)
外键（FK）限制：
    "customer_lid_fkey" FOREIGN KEY (lid) REFERENCES location
(lid) ON UPDATE CASCADE ON DELETE CASCADE
由引用：
    TABLE "orders" CONSTRAINT "orders_cid_fkey" FOREIGN KEY (cid)
REFERENCES customer(cid) ON UPDATE CASCADE ON DELETE CASCADE
```

可以看到，customer 表中 address 列的数据消失，涉及该列的表约束也被移除。然而，如果该列被另一个表的外键所引用，PostgreSQL 不会移除该约束。可以通过增加 CASCADE 来授权移除依赖于被删除列的所有对象。

```
ALTER TABLE customer DROP COLUMN address CASCADE;
```

3. 增加约束

如果要给表增加一个约束，可以使用表约束的语法，如下所示。

```
ALTER TABLE customer ALTER COLUMN cname SET NOT NULL;
```

本例中，把列 cname 设置成非空（NOT NULL）。

现在，我们看一下表 customer 的表结构。

```
postgres=# ALTER TABLE customer ALTER COLUMN cname SET NOT NULL;
ALTER TABLE
postgres=# \d customer;
数据表 "public.customer"
栏位         |           类型            | 校对规则 |  可空的  | 预设
------------+---------------------------+--------+---------+------
 cid        | integer                   |        | not null |
 cname      | character varying(20)     |        | not null |
 lid        | integer                   |        |          |
 cn_address | character varying(2000)   |        |          |
索引:
    "customer_pkey" PRIMARY KEY, btree (cid)
外键(FK)限制:
    "customer_lid_fkey" FOREIGN KEY (lid) REFERENCES location
(lid) ON UPDATE CASCADE ON DELETE CASCADE
由引用:
    TABLE "orders" CONSTRAINT "orders_cid_fkey" FOREIGN KEY (cid)
REFERENCES customer(cid) ON UPDATE CASCADE ON DELETE CASCADE
```

可以看到，表 customer 中的 cname 列现在已增加了非空约束。

4. 移除约束

如果要删除 customer 表中的一个非空约束，可以使用如下语句。

```
ALTER TABLE customer ALTER COLUMN cname DROP NOT NULL;
```

现在，我们看一下表 customer 的表结构。

```
postgres=# ALTER TABLE customer ALTER COLUMN cname DROP NOT NULL;
ALTER TABLE
postgres=# \d customer;
数据表 "public.customer"
```

```
 栏位       |         类型           | 校对规则 | 可空的  | 预设
-----------+------------------------+--------+---------+------
 cid        | integer                |        | not null |
 cname      | character varying(20)  |        |          |
 lid        | integer                |        |          |
 cn_address | character varying(2000)|        |          |
索引:
    "customer_pkey" PRIMARY KEY, btree (cid)
外键(FK)限制:
    "customer_lid_fkey" FOREIGN KEY (lid) REFERENCES location
(lid) ON UPDATE CASCADE ON DELETE CASCADE
由引用:
    TABLE "orders" CONSTRAINT "orders_cid_fkey" FOREIGN KEY (cid)
REFERENCES customer(cid) ON UPDATE CASCADE ON DELETE CASCADE
```

这是一个名为 customer 的数据表,位于 public schema 中,包含四列:cid、cname、lid 和 cn_address。各列的定义如下:

- cid:整型(integer),非空(not null)。该列是主键,具有 PRIMARY KEY 约束(通过索引 customer_pkey 实现),根据 B 树索引算法进行排序。

- cname:字符型(character varying),最大长度为20。该列可为空。

- lid:整型(integer),可为空。该列是外键(通过外键名称为 customer_lid_fkey 的 FOREIGN KEY 约束实现),与另一张名为 location 的表关联,关联条件为 location 表中的 lid 列等于 customer 表中的 lid 列。当 location 表中 lid 列更新或删除时,customer 表中的 lid 列也会被更新或删除,这是因为 FOREIGN KEY 约束使用 ON UPDATE CASCADE 和 ON DELETE CASCADE 规则。

- cn_address:字符型(character varying),最大长度为2000。该列可为空。

在上述 CREATE TABLE 语句或数据表定义中,我们也可以看到该数据表的各个约束条件,如 PRIMARY KEY 约束 customer_pkey 和 FOREIGN KEY 约束 customer_lid_fkey 等,及列 cname 和 lid 的可空性,以及默认值的设置。

此外,该表还具有一个名为 orders 的外键引用,这是因为 orders 表中 cid 列对应了该表的主键 cid 列,这是一种一对多(one-to-many)关系。具体的外键引用逻辑通过 orders 表的 FOREIGN KEY 约束 orders_cid_fkey 实现。

通过使用移除约束的语句，成功对列 cname 的非空约束进行删除。

5. 修改列的默认值

如果要为某列设置新的默认值，可以使用如下语句。

```
ALTER TABLE customer ALTER COLUMN address SET DEFAULT '北京';
```

本例中，把列 address 的默认值设为"北京"。

现在，我们看一下表 customer 的表结构。

```
postgres=# ALTER TABLE customer ALTER COLUMN address SET DEFAULT
'北京';
ALTER TABLE
postgres=# \d customer;
数据表 "public.customer"
栏位         |         类型            | 校对规则 |  可空的   |   预设
------------+------------------------+--------+----------+-----
 cid        | integer                |        | not null |
 cname      | character varying(20)  |        |          |
 lid        | integer                |        |          |
 cn_address | character varying(2000)|        |          |
 address    | character varying(2000)|        |          | '北
京'::character varying
索引:
    "customer_pkey" PRIMARY KEY, btree (cid)
外键（FK）限制:
     "customer_lid_fkey" FOREIGN KEY (lid) REFERENCES location
(lid) ON UPDATE CASCADE ON DELETE CASCADE
由引用:
    TABLE "orders" CONSTRAINT "orders_cid_fkey" FOREIGN KEY (cid)
REFERENCES customer(cid) ON UPDATE CASCADE ON DELETE CASCADE
```

可以看到在预设列，列 address 的默认值成功设置为"北京"。

6. 修改列的数据类型

如果要将一列的数据类型转换为另一种数据类型，如转换为 int 类型，可使用如下语句。

```
ALTER TABLE customer ALTER COLUMN lid TYPE int;
```

只有当列中的每一项都能通过一个隐式造型转换为新的类型时该操作才能成功。如果需要更复杂的转换应该使用 USING 子句来指定如何把旧值转换为新值。

现在，我们看一下表 customer 的表结构。

```
postgres=# ALTER TABLE customer ALTER COLUMN lid TYPE int;
ALTER TABLE
postgres=# \d customer;
                          数据表 "public.customer"
  栏位      |          类型          | 校对规则 | 可空的 | 预设
-----------+------------------------+----------+--------+-----
 cid        | integer                |          | not null |
 cname      | character varying(20)  |          |        |
 lid        | integer                |          |        |
 cn_address | character varying(2000)|          |        |
 address    | character varying(2000)|          |        | '北
京'::character varying
索引:
    "customer_pkey" PRIMARY KEY, btree (cid)
外键(FK)限制:
    "customer_lid_fkey" FOREIGN KEY (lid) REFERENCES location
(lid) ON UPDATE CASCADE ON DELETE CASCADE
由引用:
    TABLE "orders" CONSTRAINT "orders_cid_fkey" FOREIGN KEY (cid)
REFERENCES customer(cid) ON UPDATE CASCADE ON DELETE CASCADE
```

7. 重命名列

如果要把列名 lid 改成 lid2，可以使用下述 SQL 语句。

```
postgres=# ALTER TABLE products RENAME COLUMN lid TO lid2;
postgres=# \d customer;
                          数据表 "public.customer"
  栏位      |          类型          | 校对规则 | 可空的 | 预设
---------+------------------------+----------+--------+----------
 cid      | integer                |          | not null |
 cname    | character varying(20)  |          |        |
 lid2     | integer                |          |        |
 address  | character varying(2000)|          |        | '北
```

```
京'::character varying
索引:
    "customer_pkey" PRIMARY KEY, btree (cid)
外键（FK）限制:
    "customer_lid_fkey" FOREIGN KEY (lid) REFERENCES location
(lid) ON UPDATE CASCADE ON DELETE CASCADE
由引用:
    TABLE "orders" CONSTRAINT "orders_cid_fkey" FOREIGN KEY (cid)
REFERENCES customer(cid) ON UPDATE CASCADE ON DELETE CASCADE
```

6.3　DML 语句

前面讨论了如何改变表结构，下面介绍如何改变表数据。本节将介绍如何插入、更新和删除表数据，即 DML 语句的功能。DML 语句包括 INSERT 语句、UPDATE 语句和 DELETE 语句。

6.3.1　插入语句

一个新表被创建后，是不含数据的。我们要将需要存储的数据插入到表中。数据可以一行一行地插入，也可以多行同时插入。

例如，向新建的 customer 表插入一行记录，可执行下述语句。

```
INSERT INTO customer VALUES (1,'AAA',200);
```

可以看出，INSERT 命令的语法是以 INSERT INTO 为关键字，加上表名，再接 VALUES 关键字，最后是以小括号括起来的以逗号分隔的各列数据。数据的顺序与表定义时的列排列顺序一致。当然，在表名后指定要插入的列名，这种写法是最好的，如下所示。

```
INSERT INTO customer (cid,cname,lid) VALUES (1,'AAA',200);
```

在插入数据时，也可以同时插入多行，如下所示。

```
INSERT INTO customer (cid,cname,lid) VALUES
(2,'BBB',100),
(3,'CCC',200),
(4,'DDD',300);
```

6.3.2 更新语句

若已经存储在数据库中的数据需要修改，可以使用更新语句（UPDATE）。我们可以更新表中单独一行，也可以更新所有的行，还可以更新其中的部分行。

要更新现有的行，可使用 UPDATE 语句。这需要提供三部分信息：

- 表名和要更新的列名；
- 列的新值；
- 要更新的是哪些行。

例如，把 customer 表中的所有 cname 列的数据均修改为"北京超市 1"，则更新语句如下。

```
UPDATE customer SET cname = '北京超市1';
```

从上述语句可以看出，更新语句是以 UPDATE 为关键字，后面紧跟表名，然后是 SET 关键字，表示要设置的数据，再后面就是要设置的数据的表达式，列名 = 修改值。

还可以在一个 UPDATE 命令中更新更多列，方法是在 SET 子句中列出更多的赋值，如下所示。

```
UPDATE customer SET cname = '北京超市2', lid = '400';
```

6.3.3 删除语句

前面已经讲述了如何向表中增加数据以及如何修改表中数据，接下来讲述如何删除表中不需要的数据。和前面的插入语句类似，可以一行一行地删除表中的数据，也可以删除表中的多行数据。删除行只能通过指定删除行的条件来完成。如果表中设置有主键，则可以指定精准的行，但也可以删除符合匹配条件的一组行。此外，还可以一次性从表中删除所有的行。

使用 DELETE 语句删除行，其语法和 UPDATE 语句的语法很相似。比如，要从 customer 表中删除 cid=1 的行，语句如下。

```
DELETE FROM customer  WHERE cid=1;
```

由此可见，删除语句的语法很简单，即 DELETE FROM 后面紧跟表名，然后加

WHERE 子句，用于指定要删除记录的条件。

当然，若没有 WHERE 子句，则表明要删除整个表的数据，即清空表中的数据。后面会详细说明这种清空表方式和使用 TRUNCATE 的不同之处。

6.4　DQL 语句

前面介绍了如何创建表、如何用数据填充表及如何编辑表数据，下面讲述如何从数据库中检索数据，即 DQL 语句的功能。

6.4.1　单表查询语句

如果要查询 customer 表中所有的数据，可执行下述语句。

```
SELECT cid ,cname,lid FROM customer;
```

其中 SELECT 是关键字，表示要进行查询；后面跟多个列名，列名间使用逗号分隔；其后是 FROM 关键字，后面紧跟要查询的表名。要查询的列可以是表中的列名，也可以是表达式，如下所示。

```
SELECT lid+100 FROM customer;
```

表达式可以包括表中的列，也可以是一个与表列无关的表达式，如下所示。

```
SELECT lid,1+2 FROM customer;
```

当表达式与表无关时，可以当作计算器使用，如下所示。

```
postgres=# select 6890/1024;
 ?column?
----------
        6
（1 行记录）
```

如果要查询表中所有的列，则可以使用 * 代表所有的列，如下所示。

```
postgres=# select * from customer;
 cid  |   cname    | lid
------+------------+-----
 5812 | 北京超市1  |   1
```

```
 5813 | 北京超市2 |    1
 5814 | 北京超市3 |    1
 5815 | 北京超市4 |    1
 5816 | 北京超市5 |    1
 5817 | 广东超市1 |   19
 5818 | 广东超市2 |   19
 5819 | 广东超市3 |   19
 5820 | 广东超市4 |   19
 5821 | 广东超市5 |   19
（10 行记录）
```

6.4.2　过滤条件查询

通过 WHERE 子句来指定要查询哪条记录或者哪些记录的条件。WHERE 子句放在 SELECT 语句之后。比如，要在 customer 表中查询 lid 为 1 的记录，其 SQL 语句如下所示。

```
SELECT * FROM customer WHERE lid = 1;
```

执行 SQL 语句的结果如下所示。

```
postgres=#  SELECT *FROM customer WHERE lid = 1;
 cid  |  cname    | lid
------+-----------+-----
 5812 | 北京超市1 |    1
 5813 | 北京超市2 |    1
 5814 | 北京超市3 |    1
 5815 | 北京超市4 |    1
 5816 | 北京超市5 |    1
（5 行记录）
```

在 WHERE 子句中，在条件表达式中可以使用 >（大于）、<（小于）等关系操作符。比如，想查询 customer 表中 lid 列大于 1 的记录，其 SQL 语句及结果如下。

```
postgres=# SELECT * FROM customer WHERE lid >1;
 cid  |  cname    | lid
------+-----------+-----
 5817 | 广东超市1 |   19
 5818 | 广东超市2 |   19
```

```
 5819 | 广东超市3 |   19
 5820 | 广东超市4 |   19
 5821 | 广东超市5 |   19
（5 行记录）
```

6.4.3　排序

排序子句是在 SELECT 语句后面加上 ORDER BY 子句，使用排序子句是为了对查询的结果进行排序。ORDER BY 子句默认的排序方式是 ASC，即升序排序，DESC 表示降序排序。比如，希望 customer 表中查询的结果按 cid 列降序排列，则查询语句及结果如下所示。

```
postgres=#  SELECT *FROM customer CRDER BY cid DESC;

 cid  |   cname   | lid
------+-----------+-----
 5821 | 广东超市5 |   19
 5820 | 广东超市4 |   19
 5819 | 广东超市3 |   19
 5818 | 广东超市2 |   19
 5817 | 广东超市1 |   19
 5816 | 北京超市5 |    1
 5815 | 北京超市4 |    1
 5814 | 北京超市3 |    1
 5813 | 北京超市2 |    1
 5812 | 北京超市1 |    1
（10 行记录）
```

ORDER BY 子句应该放在 WHERE 条件之后，如果顺序错了，就会报错，如下所示。

```
postgres=# SELECT * FROM customer ORDER BY cid DESC WHERE lid >1;
2021-11-29 11:56:29.289 HKT [2500] ERROR:  syntax error at or near
"where" at character 42
2021-11-29 11:56:29.289 HKT [2500] STATEMENT:  select * from
customer order by cid desc where lid >1;
ERROR:  syntax error at or near "where"
```

第1行select * from customer order by cid desc where lid >1;

还可以按多个列排序，比如，根据 lid 和 cid 两列降序排序，要执行的 SQL 语句和返回的结果如下所示。

```
postgres=# SELECT * FROM customer ORDER BY lid cid DESC;
  cid  |   cname    |  lid
-------+------------+-------
 5816  | 北京超市5  |   1
 5815  | 北京超市4  |   1
 5814  | 北京超市3  |   1
 5813  | 北京超市2  |   1
 5812  | 北京超市1  |   1
 5821  | 广东超市5  |  19
 5820  | 广东超市4  |  19
 5819  | 广东超市3  |  19
 5818  | 广东超市2  |  19
 5817  | 广东超市1  |  19
（10 行记录）
```

ORDER BY 子句还可以用此语法表示用前几列进行排序，比如按第一列进行降序排序，要执行的 SQL 语句和返回的结果如下所示。

```
postgres=#  SELECT * FROM customer ORDER BY 1 DESC ;
  cid  |   cname    |  lid
-------+------------+-------
 5821  | 广东超市5  |  19
 5820  | 广东超市4  |  19
 5819  | 广东超市3  |  19
 5818  | 广东超市2  |  19
 5817  | 广东超市1  |  19
 5816  | 北京超市5  |   1
 5815  | 北京超市4  |   1
 5814  | 北京超市3  |   1
 5813  | 北京超市2  |   1
 5812  | 北京超市1  |   1
（10 行记录）
```

6.4.4 分组查询

分组查询是指按一定条件对表中数据进行不同类别的统计。分组查询子句的关键字为 GROUP BY。比如按 lid 对表 customer 中的数据进行分组，要执行的 SQL 语句和返回的结果如下所示。

```
postgres=#  SELECT lid,count(1) FROM customer GROUP BY lid;
 lid | count
-----+-------
  19 |     5
   1 |     5
（2 行记录）
```

在 SQL 语句中，count（1）是聚合函数。

GROUP BY 子句在使用时，需要分组的列名必须出现在 SELECT 子句之后，否则会报错，如下所示。

```
postgres=#  SELECT cid,coame FROM customer GROUP BY lid;
2021-11-29 11:57:56.793 HKT [2500] ERROR:  column "customer.cid"
must appear in the GROUP BY clause or be used in an aggregate
function at character 8
2021-11-29 11:57:56.793 HKT [2500] STATEMENT:  select cid,cname
from customer group by lid;
ERROR:  column "customer.cid" must appear in the GROUP BY clause or
be used in an aggregate function
第1行 select cid,cname from customer group by lid;
```

6.4.5 多表关联查询

在关系型数据库中，多表关联查询是指通过共同列或字段在多个表之间建立关联关系，从而进行多表关联查询的操作。通过多表关联查询操作，可以将多个表中的相关数据进行关联，获得更完整的信息。

假设创建一张与 customer 表（商品销售客户表）相关联的 orders 表（商品销售订单表），建表语句如下。

```
CREATE TABLE public.orders (
    oid integer,
```

```
    cid integer,
    sid integer,
    gid integer,
    payment_type character varying(6),
    price numeric(8,2),
    quantity integer,
    commission numeric(2,2),
done_time timestamp without time zone
Primary key (oid ,cid ,sid ,gid )
);
```

在 orders 表中插入一些测试数据后，如下所示。

```
  oid  | cid  | payment_type  | price
-------+------+---------------+-------
 96532 | 5812 | 电子支付       | 10.50
 96533 | 5814 | 现金           | 10.50
 96534 | 5817 | 电子支付       | 10.50
 96535 | 5817 | 电子支付       | 10.50
 96536 | 5821 | 现金           | 10.50
（5 行记录）
```

若现在想查询出每个客户的订单详细信息，如支付方式、所付金额，此时需要关联查询 customer 和 orders 两张表。

表关联查询就是在 WHERE 子句上加上需要关联的表的条件，如 c.cid = o.cid。

由于两张表中，有些列的列名是重复的，如 customer 表中的 cid 列与 orders 表中的 cid 列，为了唯一定位列，要在查询条件中明确使用哪个表、哪个列。这里用 c 表示 customer 表的别名，c.cid 即表示取 customer 表中的 cid 列。

```
SELECT c.cid,c.cname,o.payment_type,o.price  FROM customer c,orders
o WHERE c.cid = o.cid;
```

执行上述 SQL 语句的结果如下。

```
postgres=# SELECT c.cid,c.cname,o.payment_type,o.price    FROM
customer c,orders o WHERE c.cid = o.cid;
 cid  |   cname    | payment_type | price
------+------------+--------------+-------
 5812 | 北京超市1  | 电子支付     | 10.50
```

```
 5814 | 北京超市3 | 现金        | 10.50
 5817 | 广东超市1 | 电子支付     | 10.50
 5817 | 广东超市1 | 电子支付     | 10.50
 5821 | 广东超市5 | 现金        | 10.50
（5 行记录）
```

在关联查询中，WHERE 子句中还可以添加其他的查询条件，如下所示。

```
SELECT c.cid,c.cname,o.payment_type,o.price  FROM customer c,orders
o WHERE c.cid = o.cid and c.cid=5812;
```

执行上述 SQL 语句的结果如下。

```
postgres==# SELECT  c.cid,c.cname,o.payment_type,o.price   FROM
customer c,orders o WHERE c.cid = o.cid and c.cid=5812;
 cid  |   cname   | payment_type | price
------+-----------+--------------+-------
 5812 | 北京超市1 | 电子支付      | 10.50
（1 行记录）
```

6.4.6　连接

连接（JOIN）子句用于把来自两个或多个表的行结合起来。JOIN 的类型如下（参见图 6-1）。

- LEFT JOIN：左表的所有记录与右表中字段相等的行的集合，不相等的部分为 NULL。

- INNER JOIN：两个表的交集。

- FULL JOIN：两个表的并集。连接字段不相等的部分为 NULL。

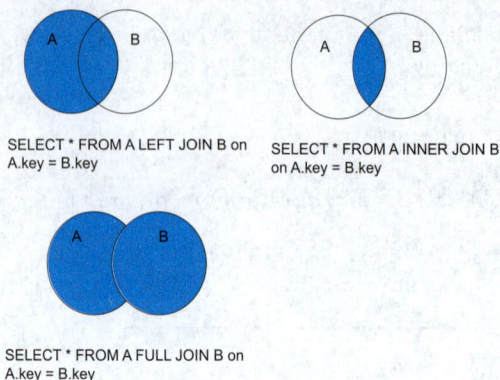

SELECT * FROM A LEFT JOIN B on A.key = B.key

SELECT * FROM A INNER JOIN B on A.key = B.key

SELECT * FROM A FULL JOIN B on A.key = B.key

图 6-1　三种 JOIN 的结果集示意图

下面通过实例来介绍如何使用 3 种 JOIN，并比较这三种连接的不同。

首先，执行下述 SQL 语句创建 good1 表。

```
CREATE TABLE good1 (
    ID INT PRIMARY KEY     NOT NULL,
    NAME            TEXT    NOT NULL,
    AGE             INT     NOT NULL,
    ADDRESS         CHAR(50),
    PRICE           REAL

);
```

然后，执行下述 SQL 语句向表里添加 7 条数据。

```
INSERT INTO good1 (ID,NAME,AGE,ADDRESS,PRICE)
VALUES (1, 'Paul', 32, 'California', 20000.00 );

INSERT INTO good1 (ID,NAME,AGE,ADDRESS,PRICE)
VALUES (2, 'Allen', 25, 'Texas', 15000.00 );

INSERT INTO good1 (ID,NAME,AGE,ADDRESS,PRICE)
VALUES (3, 'Teddy', 23, 'Norway', 200.00 );

INSERT INTO good1 (ID,NAME,AGE,ADDRESS,PRICE)
VALUES (4, 'Mark', 25, 'Rich-Mond ', 63300.00 );

INSERT INTO good1 (ID,NAME,AGE,ADDRESS,PRICE)
VALUES (5, 'john', 27, 'Texas', 800.00 );

INSERT INTO good1 (ID,NAME,AGE,ADDRESS,PRICE)
VALUES (6, 'alice', 22, 'South-Hall', 450.00 );

INSERT INTO good1 (ID,NAME,AGE,ADDRESS,PRICE)
VALUES (7, 'James', 24, 'Houston', 1000.00 );
```

接下来，执行下述 SQL 语句创建 customer1 表，添加 3 个字段，并插入 3 行数据。

```
CREATE TABLE customer1(
```

```
    ID INT PRIMARY KEY         NOT NULL,
    DEPT                CHAR（50）NOT NULL,
    order_id            INT        NOT NULL
）;
INSERT INTO customer1（ID, DEPT, order_id）VALUES（1, 'IT ', 1）;

INSERT INTO customer1（ID, DEPT, order_id）VALUES（2, 'buyer', 2）;

INSERT INTO customer1（ID, DEPT, order_id）VALUES（3, 'Finance', 7）;
```

1. LEFT JOIN

LEFT JOIN 也称为左连接，因为它返回左侧的外部表（即 LEFT 表）的所有行，无论是否在右表中有匹配。如果在右表中没有匹配，它将在右表侧返回 NULL 值。

```
SELECT order_id, NAME, DEPT FROM good1 LEFT  JOIN customer1 ON
good1.ID = customer1.order_id;
```

执行上述 SQL 语句可得到如下结果。它返回左侧的外部表（即 good1 表）的所有行，无论是否在右表（customer1 表）中有匹配。如果在右表中没有匹配，它将在右表侧返回 NULL 值。可以看到返回了 7 行数据，这和 good1 表的数据量相同，并且第 1 列 order_id 和第 3 列 dept 只显示了与 customer1 表匹配的 3 条数据。另外 4 条因为没有与 customer1 表匹配而显示 NULL 值。

```
postgres=# SELECT order_id, NAME, DEPT FROM good1 LEFT    JOIN
customer1 ON good1.ID = customer1.order_id;
 order_id | name  |                           dept
----------+-------+------------------------------------------------------
-----
        1 | Paul  | IT
        2 | Allen | buyer
        7 | James | Finance
          | john  |
          | alice |
          | Mark  |
          | Teddy |
（7 行记录）
```

136

2. INNER JOIN

INNER JOIN 仅返回左右两个表中有匹配项的行,与 LEFT JOIN 不同的是,
INNER JOIN 不会返回左表中没有匹配项的记录。

```
SELECT order_id, NAME, DEPT FROM good1 INNER JOIN customer1 ON
good1.ID = customer1.order_id;
```

执行上述 SQL 语句可得到如下的结果。

```
postgres=# SELECT order_id, NAME, DEPT FROM good1 INNER JOIN
customer1 ON good1.ID = customer1.order_id;
 order_id | name  |                      dept
----------+-------+------------------------------------------------
        1 | Paul  | IT
        2 | Allen | buyer
        7 | James | Finance
（3 行记录）
```

3. FULL JOIN

FULL JOIN 也称为外连接(outer join),是 LEFT JOIN 和 RIGHT JOIN 的联合
使用,它返回两个表中的所有数据,无论是否有匹配。如果在某个表中找不到另一
个表中的匹配项,则在结果集中填充 NULL 值。

```
SELECT order_id, NAME, DEPT FROM good1 FULL  JOIN customer1 ON
good1.ID = customer1.order_id;
```

执行上述 SQL 语句可得到如下的结果。

```
postgres=# SELECT order_id, NAME, DEPT FROM good1 FULL   JOIN
customer1 ON good1.ID = customer1.order_id;
 order_id | name  |                      dept
----------+-------+------------------------------------------------
        1 | Paul  | IT
        2 | Allen | buyer
        7 | James | Finance
          | john  |
          | alice |
          | Mark  |
          | Teddy |
（7 行记录）
```

6.5　其他 SQL 语句

6.5.1　INSERT···SELECT 语句

INSERT ···SELECT 语句用于把一张表中的数据插入另一张表中。该语句属于 DML 语句。

INSERT ···SELECT 语句的格式如下。

```
INSERT INTO Table2(field1,field2,···)SELECT value1,value2,···FROM
Table1
```

使用 INSERT ···SELECT 语句要求目标表 Table2 必须存在。由于目标表 Table2 已经存在，所以除了插入源表 Table1 的字段外，还可以插入常量，示例如下。

```
postgres=# SELECT * FROM customer;
 cid  |  cname   | lid | address
------+----------+-----+---------
 5812 | 北京超市1 |   1 |
 5813 | 北京超市2 |   1 |
 5814 | 北京超市3 |   1 |
 5815 | 北京超市4 |   1 |
 5816 | 北京超市5 |   1 |
 5817 | 广东超市1 |  19 |
 5818 | 广东超市2 |  19 |
 5819 | 广东超市3 |  19 |
 5820 | 广东超市4 |  19 |
 5821 | 广东超市5 |  19 |
 5822 | 安徽超市1 |   2 |
（11 行记录）


postgres=# insert into customer1
postgres-# select
postgres-# cid,
postgres-# cname,
```

```
postgres-# lid
postgres-# from  customer;
INSERT 0 11
```

6.5.2　TRUNCATE TABLE 语句

TRUNCATE TABLE 语句用来清除表内容，从结果上看，等同于不带 WHERE 子句的 DELETE 语句。但是，两者实现的原理是不一样的。TRUNCATE TABLE 语句是 DDL 语句，即数据定义语句，相当于用重新定义一个新表的方法把原表的内容直接丢弃，因此执行效率更高；而 DELETE 语句是 DML 语句，用来把数据一行一行地删除，删除多行数据时执行速度比较慢。除此之外，两者还有如下区别：

（1）当表被 TRUNCATE TABLE 语句清除内容后，这个表和索引所占用的空间会恢复到初始大小；而 DELETE 操作不会减少表或索引所占用的空间。

（2）TRUNCATE TABLE 语句在功能上与不带 WHERE 子句的 DELETE 语句相同：二者均删除表中的全部行。但 TRUNCATE TABLE 语句比 DELETE 语句删除的速度快，且使用的系统资源和事务日志资源少。

（3）DELETE 语句每次删除一行，并在事务日志中为所删除的每一行记录一项，TRUNCATE TABLE 语句通过释放存储表数据所用的数据页来删除数据，并且只在事务日志中记录页的释放。

练习题和答案

（1）下列有关 PostgreSQL 的说法正确的是（　　　）。

　　A. DDL 是数据定义语言，是用于创建、删除、修改表、索引等数据库对象的语言

　　B. DML 是数据操纵语言，主要用于插入、更新、删除数据

　　C. PostgreSQL 不区分大小写，所有的大小写字母到后台都会自动转换为小写字母

　　D. Create 是 DML 语言

正确答案：A、B、C

（2）下面说法正确的是（　　　　）。

    A. TRUNCATE TABLE 语句用来清除表内容，从结果上看，等同于不带 WHERE 子句的 DELETE 语句

    B. TRUNCATE TABLE 语句 比 DELETE 语句删除的速度快，且使用的系统资源和事务日志资源少

    C. DELETE 操作会减少表或索引所占用的空间

    D. 当表被 TRUNCATE TABLE 语句清除内容后，这个表和索引所占用的空间会恢复到初始大小

正确答案：A、B、D

（3）下列有关 DML 语句的说法错误的是（　　　　）。

    A. 排序子句是 GROUP BY

    B. 分组查询子句是 ORDER BY

    C. LEFT JOIN 查询结果是右表中没有匹配，也从左表返回所有的行

正确答案：A、B

第 7 章
数据库对象管理

7.1 视图管理

视图（View）是由查询语句构造的假表。对使用者来说，可以把视图看作一张表。视图中的可视数据可以来自一张表，也可以来自多张表，可以来自数据库内部，也可以来自数据库外部。数据库中会有视图名，只不过它是通过相关的名称存储在数据库中的一个查询语句。

视图实际上是一个以预定义的 PostgreSQL 查询形式存在的表的组合，可以包含一个表的所有行，也可以是一个表或多个表的选定行。它允许用户或用户组直接查找结构数据、限制数据访问，用户只能看到可视的数据，而不是完整的表；还可以抽象汇总报表数据。

PostgreSQL 视图为只读，无法在视图上执行 DELETE、INSERT 或 UPDATE 语句。但是可以在视图上创建一个触发器，当尝试 删除（DELETE）、插入（INSERT）或 更新（UPDATE）视图时触发，需要做的动作在触发器中定义。

7.1.1 CREATE VIEW（创建视图）

在 PostgreSQL 数据库中用 CREATE VIEW 语句创建视图。视图可以从一张表，多张表或者其他视图中创建。

CREATE VIEW 的语法如下。

```
CREATE [TEMP | TEMPORARY] VIEW view_name AS
SELECT column1, column2, …
FROM table_name
WHERE [condition];
```

在 SELECT 语句中可以包含多个表，这里使用 SELECT 的方式与直接使用 SELECT 查询的方式非常相似。如果使用了可选的 TEMP 或 TEMPORARY 关键字，则将在临时数据库中创建视图。

视图的使用方法如下所示。

下面是一个从 DEPARTMENT 表创建视图的实例。视图完成从 DEPARTMENT 表中选取几列。

```
pgccc=#  CREATE VIEW DEP_VIEW AS
SELECT ID,DEPTNAME
FROM  DEPARTMENT;
```

查询 DEP_VIEW 视图，语法与查询表的方法类似，如下所示。

```
pgccc=# select * from DEP_VIEW;
 id | deptname
```

7.1.2 DROP VIEW（删除视图）

要删除视图，只须使用带有视图名（如 view_name ）的 DROP VIEW 语句。DROP VIEW 的基本语法如下。

```
pgccc=# DROP VIEW view_name;
```

下面的语句将删除在前面创建的 DEP_VIEW 视图。

```
pgccc=# drop view DEP_VIEW;
DROP VIEW
```

7.2 函数管理

函数（Function）是作为数据库对象存储在数据库中的代码。函数会对传递进来的参数进行处理，并返回一个处理结果，也就是返回一个值。函数可分为两类：内置函数（系统函数）和用户自定义函数。

7.2.1 用户自定义函数

可以使用多种语言（如 SQL、PL/pgSQL、C、Python 等）创建 PostgreSQL 函数。

创建函数的语法如下。

```
CREATE [OR REPLACE] FUNCTION function_name (arguments)
RETURNS return_datatype AS $variable_name$
  DECLARE
    declaration;
    […]
  BEGIN
< function_body >
    […]
    RETURN { variable_name | value }
  END; LANGUAGE plpgsql;
```

参数说明：

- [OR REPLACE]：可选参数，用于修改／替换现有函数。

- function_name：指定函数的名称。

- RETURNS：指定要从函数返回的数据类型。它可以是基础类型、复合类型
  或域类型，也可以引用表列的类型。

- function_body：指定函数可执行部分。

- plpgsql：指定实现此函数的语言的名称。

实战例子：

（1）创建输入一个 INT 类型的数值可得到 clothes 表里 ID 为输入数值的行的所
有列的函数，如下例所示。

```
CREATE OR REPLACE FUNCTION GetclothesById(c_ID INT) RETURNS
clothes
LANGUAGE SQL
AS $$
SELECT * FROM clothes WHERE ID = c_ID;
$$;
```

（2）调用函数查找 clothes 表里 ID 为 3 的行，如下例所示。

```
SELECT * FROM FerclothesById(3);
```

（3）删除函数可使用 DROP FUNCTION 函数名来实现，如下例所示。

```
DROP FUNCTION FerclothesById;
```

7.2.2 内置函数

PostgreSQL 内置的函数是已经内部封装好，可以直接使用的函数。用于对字符串或数字数据进行处理。常用的 PostgreSQL 内置函数如下。

- String 函数：完整地列出一个 SQL 中所需的操作字符的函数。
- Numeric 函数：完整地列出一个 SQL 中所需的操作数的函数。
- ARRAY 函数：用于将输入值（包括 NULL）添加到数组中。
- COUNT 函数：用于计算数据库表中的行数。
- MAX 函数：用于查询某一特定列中的最大值。
- MIN 函数：用于查询某一特定列中的最小值。
- AVG 函数：用于计算某一特定列中的平均值。
- SUM 函数：用于计算数字列所有值的总和。

聚合函数是对结果集进行计算并且通常返回一行。窗口函数也是基于结果集的运算。与聚合函数不同的是，窗口函数并不会将结果集进行分组合并输出一行，而是将计算的结果合并到基于结果集运算的列上。

1. 与数据库对象大小相关的函数

与数据库对象大小相关的函数如表 7-1 所示。

表 7-1　与数据库对象大小相关的函数

函数	返回值类型	说明	例子	结果
pg_relation_size(oid)	bigint	得到指定 OID 代表的表或者索引的空间大小	SELECT pg_relation_size(17555);	8192MB
pg_relation_size(text)	bigint	得到指定名称的表或者索引使用的空间大小	SELECT pg_relation_size('country');	8192MB
pg_total_relation_size(oid)	bigint	得到 OID 代表的表的空间大小（包括表和索引）	SELECT pg_size_pretty(pg_total_relation_size(17898));	170MB
pg_total_relation_size(text)	bigint	得到指定名字的表的大小（包括表和索引）	SELECT pg_size_pretty(pg_total_relation_size('test'));	170MB

续表

函数	返回值类型	说明	例子	结果
pg_size_pretty (bigint)	text	转换成一个人类容易阅读的尺寸单位	SELECT pg_size_pretty (pg_relation_size ('customer'));	72KB
pg_tablespace_size(oid)	bigint	得到表空间已经使用的空间，OID 代表表空间的 ID 号	SELECT pg_tablespace_size(1663)/1024/1024 as "SIZE MB";	23MB
pg_tablespace_size(name)	bigint	得到表空间已经使用的空间	SELECT pg_size_pretty (pg_tablespace_size ('pg_default'));	23MB
pg_database_size (oid)	bigint	指定 OID 代表的数据库使用的磁盘空间	SELECT pg_size_pretty (pg_database_size (16395));	507 MB
pg_database_size (name)	bigint	指定名称的数据库使用的磁盘空间	SELECT pg_size_pretty (pg_database_size ('myy_database22'));	507 MB

2. 字符串函数

字符串函数如表 7-2 所示。

表 7-2　字符串函数

函数	返回值类型	说明	例子	结果
string ‖ string	text	字符串拼接	SELECT 'MY' ‖ 'pgccc';	MYpgccc
bit_length(string)	int	字符串里二进制位的个数	SELECT bit_length ('pgccc');	40
char_length (string)	int	字符串中的字符个数	SELECTchar_length ('pgccc');	5
lower(string)	text	把字符串转换为小写	SELECT lower ('PGCCC');	pgccc
upper(string)	text	把字符串转换为大写	SELECT upper ('pgccc') ;	PGCCC
octet_length (string)	int	字符串中的字节数	SELECT octet_length ('PGCCC') ;	4
overlay(string placing string from int [for int])	text	替换子字符串	SELECT overlay ('MYxxxxPGCCC' placing'tyt'from 2 for 4) ;	MYtytxPGCCC
position(substring in string)	int	得到指定的子字符串的位置	SELECT position('PG' in'MYxxxxPGCCC') ;	7

145

函数	返回值类型	说明	例子	结果
substring(string [from int] [for int])	text	抽取子字符串	SELECT substring ('MYxxxxPGCCC'from 2 for 3)；	Yxx
substring(string from pattern)	text	抽取匹配正则表达式的子字符串	SELECT substring ('Your age is 22', '([0-9]{1,2})') as age;	22
substr(string, from [, count])	text	抽取子字符串	SELECT substr ('MYxxxxPGCCC',2,3)；	Yxx
ascii(text)	int	返回一个ASCII字符的代码值	SELECT ascii('Y')；	89
to_ascii(text [, encoding])	text	把text从其他编码转换为ASCII	SELECT to_ascii ('PGccc')；	PGccc
chr(int)	text	ASCII码的对应字符	SELECT chr(76)；	L
initcap(text)	text	把每个单词的第一个字母转为大写	SELECT initcap('Learn PostgreSQL with Tech on the Net!');	Learn Postgresql With Tech On The Net!
length(string text)	int	得到字符串中字符的数目	SELECT length('pgccc')；	5
lpad(string text, length int [, fill text])	text	填充字符，从左面进行填充	SELECT lpad ('ccmmbabc', 15, 'XYZ');	XYZXYZXccmmbabc
rpad(string text, length int [, fill text])	text	填充字符，从右面进行填充	SELECT rpad ('ccmmbabc', 15, 'XYZYYY');	ccmmbabcXYZYYY
ltrim(string text [, characters text])	text	从字符串中删除特定字符，从左面开始删除字符	SELECT ltrim ('00012300', '0');	12300
rtrim(string text [, character text])	text	从字符串中删除特定字符，从右面开始删除字符	SELECT rtrim('00012300', '0');	000123
trim([[leading | trailing | both] [characters] from string)	text	从字符串中删除特定字符，从两端开始	SELECT trim('00012300', '0');	123
md5(string text)	text	计算字符串的MD5值	SELECT md5('pgccc')；	4733aafe46676c5d02a0ee71f8d81833
repeat(string text, number int)	text	重复字符串多少次	SELECT repeat('Pg', 4)；	PgPgPgPg

续表

函数	返回值类型	说明	例子	结果
replace(string text, from text, to text)	text	替换掉字符串里面指定的字符	SELECT replace('abc abc', 'a', 'B');	Bbc Bbc
strpos(string, substring)	text	返回指定字符在字符串的位置	SELECT strpos ('techonthenet.com', 'h');	4
to_hex(number int/bigint)	text	将数字转换成十六进制形式	SELECT to_hex (1988547222) ;	76cb694e
translate(string text, from text, to text)	text	字符串替换	SELECT translate ('PostgreSQL.pgccc. com', 'p.g', '456');	Post6reSQL546ccc5com

3. 日期和时间函数

日期和时间函数如表 7-3 所示。

表 7-3　日期和时间函数

函数	返回值类型	说明	例子	结果
current_date	date	当天的日期	SELECT current_date;	2022-08-03
current_time	time	现在的时间	SELECT current_time;	19:27:27.591105+08
current_timestamp	timestamp	日期和时间	SELECT current_timestamp;	2022-08-0319:27:44.47893+08
now()	timestamp	当前的日期和时间（等效于 current_timestamp）	SELECT now();	2022-08-0319:27:59.877926+08
timeofday()	text	当前日期和时间	SELECT timeofday();	Wed Aug 03 19:28:21.648568 2022 CST
localtime	time	今日的时间	SELECT localtime;	19:28:33.760353
localtimestamp	timestamp	日期和时间	SELECT localtimestamp;	2022-08-03 19:28:43.344289
date_part(text, timestamp)	double	抽取时间的一部分出来，可以抽取天、小时、分等	SELECT date_part ('day', timestamp '2022-04-25 15:2:22');	25
date_trunc(text, timestamp)	timestamp	截断成指定的精度	SELECT date_trunc ('hour', timestamp '2020-03-17 02:09: 30');	2020-03-17 02:00:00
age(timestamp, timestamp)	interval	计算 2 个时间点的间隔，生成的结果格式是年月日	SELECT age('2022-04-22', timestamp '2011-06-23') ;	10 years 9 mons 29 days

续表

函数	返回值类型	说明	例子	结果
age(timestamp)	interval	从当前日期减去得到的数值。从现在到过去多少时间了，格式是年月日	SELECT age (timestamp'1999-06 -23') ;	23 years 1 mon 10 days
age(timestamp, timestamp)	interval	2个时间点相减，生成的结果的格式是年月日	SELECT age('2022-05-10', timestamp '1988-04-22') ;	34 years 18 days
CENTURY	numeric	返回世纪	SELECT EXTRACT (CENTURY FROM TIMESTAMP'2022-06 -12 19:57:13');	21（世纪）
DOW	numeric	星期几（仅用于timestamp）	SELECT EXTRACT (DOW FROM TIMESTAMP '2022-08-03 19:57:13');	3（星期三）
DOY	numeric	一年的第几天（仅用于timestamp）	SELECT EXTRACT (DOY from TIMESTAMP'2022-06 -12 19:57:13');	163（天）
DAY	numeric	返回	SELECT EXTRACT (DAY from TIMESTAMP'2022-06-12 19:57:13');	12（号）
HOUR	numeric	返回小时	SELECT EXTRACT (HOUR from TIMESTAMP'2022-06-12 19:57:13');	19（点）
MILLENNIUM	numeric	千年	SELECT EXTRACT (MILLENNIUM from TIMESTAMP'2022-06-12 19:57:13');	3（千年）
MINUTE	numeric	返回分钟	SELECT EXTRACT (MINUTE from TIMESTAMP'2022-06-12 19:57:13');	57（分）
MONTH	numeric	返回月份	SELECTEXTRACT (MONTH from TIMESTAMP'2022-06-12 19:57:13');	6（月份）
QUARTER	numeric	该天所在的该年的季度（1-4）（仅用于timestamp）	SELECT EXTRACT (QUARTER from TIMESTAMP'2022-06-12 19:57:13');	2（季度）

续表

函数	返回值 类型	说明	例子	结果
SECOND	numeric	秒域，包括小数部分（0-59[1]）	SELECT EXTRACT (SECOND from TIMESTAMP'2022-06-12 19:57:13');	13（秒）
WEEK	numeric	该天在所在的年份的第几周	SELECT EXTRACT (WEEK from TIMESTAMP'2022-06-12 19:57:13');	23（周）
YEAR	numeric	返回年	SELECT EXTRACT (YEAR from TIMESTAMP'2022-06-12 19:57:13');	2022（年）
MICROSECONDS	numeric	返回微秒	SELECT EXTRACT (MICROSECONDS from TIME'20:22: 33.6');	33600000（微秒）
MILLISECONDS	numeric	返回毫秒	SELECT EXTRACT (MILLISECONDS from TIME'20:22:33.6');	33600（毫秒）

4. 数学函数

数学函数如表 7-4 所示。

表 7-4　数学函数

函数	说明	例子	结果
power(a double, b double)	求 a 的 b 次幂	SELECT power(7, 8);	5764801
mod(y, x)	取余数	SELECT mod(15,4) ;	3
random()	取 0.0 ～ 1.0 的随机数值	SELECT random();	0.6745205230985185
round(double/numeric)	取整数，会四舍五入	SELECT round(67.5) ;	68
round(v numeric, s int)	保留小数点后 s 位，会四舍五入	SELECT round(1988.429,2) ;	1988.43
sqrt(double/numeric)	平方根	SELECT sqrt(3.0) ;	1.732050807568877
trunc(double/numeric)	截断（向零靠近）	SELECT trunc(56.7) ;	56
trunc(v numeric, s int)	截断为 s 小数位置的数字	SELECT trunc(1988.567,2) ;	1988.56
abs(x)	绝对值	SELECT abs(−116.15) ;	116.15
cbrt(double)	立方根	SELECT cbrt(125.0) ;	5

5. 类型转换函数

类型转换函数如表 7-5 所示。

表 7-5　类型转换函数

函数	返回值类型	说明	例子	结果
to_char(timestamp, text)	text	将时间戳转换为字符串	SELECT to_char(current_timestamp, 'HH12:MI:SS') ;	09:26:23
to_char(interval, text)	text	将时间间隔转换为字符串	SELECT to_char (interval '15h 2m 12s', 'HH24:MI:SS') ;	15:02:12
to_char(int, text)	text	整型数值转换为字符串	SELECT to_char(1210, '9999.99');	1210.00
to_char(double precision, text)	text	双精度数值转换为字符串	SELECT to_char(125.8::real, '999D9') ;	125.8
to_char(numeric, text)	text	数字转换为字符串	SELECT to_char(−188.8, '999D99S') ;	−188.80
to_number(text, text)	numeric	转换字符串为数字	SELECT to_number ('1210.73', '9999.99');	1210.73
to_timestamp(text, text)	timestamp	转换为指定的时间格式	SELECT to_timestamp('03 Dec 2022', 'DD Mon YYYY') ;	2022-12-03 00:00:00+08
to_timestamp(double precision)	timestamp	把 UNIX 纪元转换成时间戳	SELECT to_timestamp (1284352323) ;	2010-09-13 17:52:03
to_date(text, text)	date	字符串转换为日期	SELECT to_date('03 Dec 2022', 'DD Mon YYYY') ;	2022-12-03

6. 系统信息函数

系统信息函数如表 7-6 所示。

表 7-6　系统信息函数

函数	返回值类型	说明	例子	结果
session_user	name	会话用户名	SELECT session_user;	postgres
user	name	等价于 current_user	SELECT user;	postgres
current_user	name	当前执行上下文的用户名	SELECT current_user;	postgres
version()	text	版本信息	SELECT version();	PostgreSQL 16.2
current_database()	name	当前数据库	SELECT current_database();	postgres

函数	返回值类型	说明	例子	结果
current_query()	text	当前正在执行的查询的文本	SELECT current_query();	
current_schema[()]	name	当前模式名	SELECT current_schema();	public
inet_client_addr()	inet	远程连接的IP地址（客户端IP地址）	SELECT inet_client_addr();	192.168.43.221
inet_client_port()	int	返回当前客户端使用的端口号	SELECT inet_client_port();	36942
inet_server_addr()	inet	返回服务器的IP地址	SELECT inet_server_addr();	192.168.43.220
inet_server_port()	int	返回服务器接收当前连接的端口号	SELECT inet_server_port();	5432
pg_backend_pid()	int	与当前会话关联的后端进程ID	SELECT pg_backend_pid();	4222
pg_postmaster_start_time()	timestamp with time zone	服务器启动时间	SELECT pg_postmaster_start_time();	2022-08-04 09:56:44.801243+08
pg_conf_load_time()	timestamp with time zone	查看最后load配置文件的时间，可以使用pg_ctl reload改变配置的装载时间	SELECT pg_conf_load_time();	2022-08-04 09:56:44.778002+08

7. 位串函数和操作符

位串函数和操作符如表 7-7 所示。

表 7-7　位串函数和操作符

操作符	说明	例子	结果
||	连接	'10001' || '011'	10001011
&	位与	'10001' & '01101'	00001
|	位或	'10001' | '01101'	11101
#	位异或	'10001' # '01101'	11100
~	位非	~ '10001'	01110
<<	位左移	'10001' << 3	01000
>>	位右移	'10001' >> 2	00100

7.3　存储过程管理

存储过程（Stored Procedure）是指存储在数据库服务器端，并可以重用的 SQL 代码。存储过程具有许多优势，例如性能优势，因为它们只编译一次；对 SQL 语句进行分组，允许在单个调用中执行它们，以提高响应时间，并提高团队的生产力，因为不再需要编写冗余的代码。在 PostgreSQL 11 中，存储过程是作为一个新的模式对象引入的。接下来将通过实例讲述如何创建、调用存储过程。

（1）创建测试表。示例如下。

```
CREATE TABLE clothes ( id serial, name varchar(100), city varchar
(100), color varchar(100), price integer);
```

（2）创建存储过程。

示例如下。存储过程的名称为 pgccccclothes，它有 5 个参数：c_ID（INOUT INT）为输入输出参数，表示衣服的 ID 号，可用于获取或设置指定衣服的 ID；C_Name（varchar（100））为输入参数，表示衣服的名称；c_city（varchar（100））为输入参数，表示衣服的产地城市；c_color（varchar（100））为输入参数，表示衣服的颜色；c_price（integer）为输入参数，表示衣服的价格。每个参数与测试表 clothes 一一对应，方便输入数据。

```
CREATE OR REPLACE PROCEDURE pgccccclothes (c_ID INOUT INT, C_Name
varchar(100),c_city varchar(100),c_color varchar(100),c_price
integer)
LANGUAGE plpgsql AS

$$ BEGIN

INSERT INTO clothes (Name, city,color,Price ) Values (c_Name, c_
city, c_color, c_price ) RETURNING  ID INTO c_ID;

END $$;
```

CREATE OR REPLACE PROCEDURE 是关键字，表示创建或者替换存储过程。

（3）调用存储过程。

示例如下。其中，pgccccclothes 是存储过程的名称，后面的括号中依次填写存储过程的参数值，也就是传递给存储过程的实际数据。根据存储过程的参数类型，参数值需要按正确的数据类型传递。在存储过程执行完毕后，可以检查该存储过程执行的结果以及对应参数的值是否已经被修改。

```
CALL pgccccclothes (null, 'T-shirt', 'red', 'New York', 1500);
```

CALL 是关键字，表示调用存储过程。

（4）查看表中数据的变化。执行如下所示的命令，查看此时测试表的数据。

```
postgres=# select * from clothes;
 id | name    | city | color    | price
----+---------+------+----------+-------
  1 | T-shirt | red  | New York |  1500
(1 row)
```

从返回结果中可以看到，调用的存储过程 pgccccclothes 在表 clothes 中插入了数据。

💡 **经验杂谈**

函数和存储过程的区别：存储过程无返回值，函数有返回值。

7.4 序列管理

序列（Sequence）是序列号生成器，可以为表中的行自动生成序列号，产生一组等间隔的数值（类型为数字）。序列不占用磁盘空间，但占用内存。其主要用途是生成表的主键值，可以在插入语句中引用，也可以通过查询检查当前值，或使序列增至下一个值。

在需要唯一标识的场景，序列非常有用。下面将演示序列的使用过程。

（1）创建序列。执行下面的语句将创建一个名为 my_seq 的序列。

```
CREATE SEQUENCE my_seq;
```

（2）创建测试表，并应用序列，示例如下。

```
CREATE TABLE table_seq (
  emp_id INT DEFAULT NEXTVAL('my_seq'),
  emp_name character(10) NOT NULL,
  emp_address character(20) NOT NULL,
  emp_phone character(14),
  emp_salary INT NOT NULL,
  date_of_joining date NOT NULL
);
```

本例中，表的字段 emp_id，通过序列 my_seq 实现自增。

（3）插入第 1 条记录，示例如下。

```
INSERT INTO table_seq (
  emp_name, emp_address, emp_phone,
  emp_salary, date_of_joining
)
VALUES
  (
    'PGCCC', 'pg', '1988', 2022, '08-04-2022'
  );
```

（4）插入第 2 条记录，示例如下。

```
INSERT INTO table_seq (
  emp_name, emp_address, emp_phone,
  emp_salary, date_of_joining
)
VALUES
  (
    'PGCCC', 'pg', '1989', 2023, '08-04-2023'
  );
```

（5）查看数据。执行下述命令来查看表 table_seq 中的数据。

```
postgres=# select * from table_seq;
 emp_id | emp_name  |      emp_address       |    emp_phone     | emp_
salary | date_of_joining
--------+-----------+------------------------+------------------+----
--------+-------
```

```
         1 | PGCCC           | pg                          | 1988          |
2022 | 2022-08-04
         2 | PGCCC           | pg                          | 1989          |
2023 | 2023-08-04
(2 rows)
```

从上面返回的结果中可以看出，表 table_seq 中的列 emp_id 的值在自动增长。

直接查看序列 my_seq，第 1 次查看，如下所示。

```
postgres=# SELECT nextval('my_seq');
 nextval
---------
       3
```

第 2 次查看，如下所示。

```
postgres=# SELECT nextval('my_seq');
 nextval
---------
       4
```

从上面的演示结果可以看出，在 PostgreSQL 中，序列的当前值是在每次调用 nextval 函数时递增的，即使是来自同一个会话的多个调用也是如此。因此，执行第 2 次 SELECT nextval('my_seq') 时，序列的当前值已经被更新为第 1 次调用时的下一个值。每调用一次 nextval 函数，该序列的当前值就会递增一次，即使没有将返回的值插入表中，该序列也会一直递增下去。

（6）删除序列。删除序列之前，需要和表取消连接，如下所示。

```
ALTER TABLE table_seq ALTER COLUMN emp_id SET DEFAULT NULL;
```

执行下述命令，正式删除序列。

```
DROP SEQUENCE my_seq;
```

7.5　触发器管理

数据库触发器（Trigger）是一个与表相关联的，存储的程序代码，它会在指定的数据库事件发生时自动执行（调用）。触发器可以在执行操作之前（在更新、删除或检查约束并尝试插入之前）、执行操作之后（在更新、删除或检查约束并尝试插入之后）或更新操作时（在对一个视图进行插入、更新和删除时）触发。触发器的 FOR EACH ROW 属性是可选的，如果设置该属性，则当操作修改时每行调用一次；如果设置 FOR EACH STATEMENT 属性，则不管修改了多少行，每个语句标记的触发器执行一次。

关键字 NEW 的数据类型是 RECORD，此变量为 INSERT/UPDATE 操作时在行级（row-level）触发器总是保存一个新的数据行。这个变量在语句级（statement-level）触发器中为 NULL。

关键字 OLD 的数据类型是 RECORD，此变量为 INSERT/UPDATE 操作时在行级（row-level）触发器总是保存一个旧的数据行。这个变量在语句级（statement-level）触发器中为 NULL。

触发器操作在引用 NEW.columnName 和 OLD.columnName 表进行插入、删除或更新时可以访问每一行元素。其中 columnName 是与触发器关联的表中的列的名称。

关键字 TG_LEVEL 的数据类型是 text，它是一个由触发器定义决定的字符串，或者是 ROW，或者是 STATEMENT。如果存在 WHEN 子句，PostgreSQL 语句只会执行 WHEN 子句成立的那一行；如果没有 WHEN 子句，PostgreSQL 语句会在每一行执行。

关键字 TG_WHEN 的数据类型是 text，它是一个由触发器定义决定的字符，或者是 BEFORE，或者是 AFTER。BEFORE 或 AFTER 关键字决定何时执行触发器动作，决定是在关联行的插入、修改或删除之前或者之后执行触发器动作。

要修改的表必须存在于同一数据库中，作为触发器被附加的表或视图，且必须只使用 tablename，而不是 database.tablename。

在创建约束触发器时须指定约束选项。这与常规触发器相同，只是约束触发器可以使用这种约束来调整触发器触发的时间。当约束触发器实现的约束被违反时，它将抛出异常。

7.5.1　创建触发器

创建触发器的基础语法如下。

```
CREATE  TRIGGER trigger_name [BEFORE| AFTER| INSTEAD OF] event_name
ON table_name[
——触发器逻辑……];
```

在这里，event_name 可以是所指定的表上的 INSERT、DELETE 和 UPDATE 数据库操作。可以在表名后指定 FOR EACH ROW 属性。

以下是 UPDATE 操作在表的一个或多个指定列上创建触发器的语法。

```
CREATE  TRIGGER trigger_name [BEFORE|AFTER] UPDATE OF column_name
ON table_name[
——触发器逻辑……];
```

下面以一个示例来说明触发器的用法。假设要对插入到新创建的 employee 表（如果已经存在，则删除后重新创建）中的每一条记录进行审计，需要完成下列步骤。

（1）执行下述 SQL 语句创建 employee 表。

```
pgccc=# CREATE TABLE employee(
   ID INT PRIMARY KEY    NOT NULL,
   NAME           TEXT   NOT NULL,
   AGE            INT    NOT NULL,
   ADDRESS        CHAR(50),
   SALARY         REAL);
CREATE TABLE
```

（2）为了保存事务触发记录，创建一个名为 audit 的新表，这样每当 employee 表中插入一条新的记录项时，日志消息将被插入到 audit 表中。

```
pgccc=# CREATE TABLE audit(
   EMP_ID INT NOT NULL,
```

```
ENTRY_DATE TEXT NOT NULL）;
```

audit 表记录的 EMP_ID 字段数据来自 employee 表的 ID 字段，ENTRY_DATE 字段将保存 employee 表中记录被创建时的时间戳。auditfunc() 是 PostgreSQL 程序，其定义如下。

```
pgccc=#  CREATE OR REPLACE FUNCTION auditfunc（） RETURNS TRIGGER
AS $$
       BEGIN
           INSERT INTO AUDIT（EMP_ID, ENTRY_DATE）VALUES （new.ID,
current_timestamp）;
       RETURN NULL;
       END;
    $$ LANGUAGE plpgsql;
CREATE FUNCTION
```

（3）创建触发器。现在我们在 employee 表上创建一个触发器，执行如下所示的 SQL 语句。

```
pgccc=# CREATE TRIGGER demo_trigger AFTER INSERT ON employee FOR
EACH ROW EXECUTE PROCEDURE auditfunc（）;
        CREATE TRIGGER
```

（4）在表中插入数据并观察触发器工作结果。先向 employee 表中插入数据。

```
pgccc=# INSERT INTO employee（ID,NAME,AGE,ADDRESS,SALARY）VALUES
（1, 'Lily', 32, 'China', 20000.00 ）;
INSERT 0 1
pgccc=# select * from employee;
id | name | age |  address              | salary
---+------+-----+----------------------+--------------------------
1  | Lily | 32  | China                |  20000
（1 row）


pgccc=# select * from audit;
 emp_id |         entry_date
--------+-------------------------------
      1 | 2022-02-16 00:48:49.66915+08
（1 row）
```

这时可以看到，employee 表中插入了 1 条记录，同时 audit 表中也插入了 1 条记录，这是因为我们在插入 employee 表时创建了一个触发器。相似地，我们也可以根据需要在更新和删除时创建触发器。

7.5.2 列出数据库中的触发器

通过查询数据字典 pg_trigger，可以得到当前数据库的所有触发器。

```
pgccc=# SELECT tgname FROM pg_trigger;
     tgname
-----------------
 example_trigger
 demo_trigger
（2 rows）
```

如果想列出特定表的触发器，可通过 pg_class 关联相关的表，执行如下所示的 SQL 语句。

```
pgccc=# SELECT tgname FROM pg_trigger, pg_class WHERE tgrelid=pg_
class.oid AND relname='employee';
    tgname
--------------
 demo_trigger
（1 row）
```

7.5.3 删除触发器

删除触发器的语法如下。

```
drop trigger ${trigger_name} on ${table_of_trigger_dependent};
```

删除表 employee 上的触发器 demo_trigger，可执行下述 SQL 语句。

```
pgccc=# drop trigger demo_trigger on employee;
DROP TRIGGER
```

第 8 章

数据导出与导入

数据的导出与导入是数据库系统常用的功能。每种数据库系统都提供了数据导出与导入的工具，例如 Oracle 的 exp/imp、MySQL 的 mysqldump 以及 Informix 的 dbexp/dbimp，而 PostgreSQL 数据库则提供了 pg_dump、pg_dumpall 和 pg_restore 工具用于数据库的导出与导入。

8.1 概　　述

PostgreSQL 数据库的导出工具（命令）是 pg_dump 和 pg_dumpall。pg_dump 和 pg_dumpall 的功能差不多，pg_dumpall 是将一个 PostgreSQL 数据库集簇的全部内容导出到一个脚本文件中，而 pg_dump 可以选择单个数据库或者对表进行导出。

pg_dumpall 并不常用。

pg_dump 可以实现数据库在运行状态时的完整导出，而不会对其他用户访问数据库造成堵塞。

pg_dump 导出的文件可以是一个 SQL 脚本文件，也可以是一个归档文件。

SQL 脚本文件是纯文本文件，包括很多 SQL 命令，运行这些 SQL 脚本可以将数据库恢复到该脚本生成时的数据状态。该脚本可以使用 psql 程序来执行，用来恢复数据，也可以在其他机器或者硬件系统上重建数据库。对脚本做适当修改后生成的脚本，可以在非 PostgreSQL 数据库上执行，重构其他类型的数据库。

PostgreSQL 数据库的导入工具（命令）是 pg_restore。归档格式文件必须和 PostgreSQL 自身提供的 pg_restore 配合使用，才能重构数据库或者恢复数据。pg_dump 可以将整个数据库导出为一个归档格式文件，而 pg_restore 是对归档文件选择性恢复部分表或者数据库对象，不必恢复全部数据。归档文件有两种输出格式，一种是 custom 自定义格式，用 -Fc 参数项来指定；另一种是 tar 格式，用 -Ft 参数项来指定。custom 比较常用。

8.2　pg_dump 命令

pg_dump 命令的语法格式如下。

```
pg_dump [connection-option…] [option…] [dbname]
```

pg_dump 命令的参数如下。

● dbname：指定要导出的数据库名。如果没有指定，将使用环境变量 PGDATABASE。如果环境变量也没有设置，则使用指定给该连接的用户名。

● -h host 或 --host=host：指定服务器的主机名。如果该值开始于斜线（/），表示它是一个 UNIX 域套接字的目录。服务器的主机名默认从 PGHOST 环境变量中获取（如果已设置），如果找不到则尝试一次 UNIX 域套接字连接。

● -p port 或 --port=port：指定服务器正在监听连接的端口或本地 UNIX 域套接字文件扩展名。这些信息默认从 PGPORT 环境变量中获取（如果已设置），如果找不到则使用编译在程序中的默认值。

● -U username 或 --username=username：指定要用哪个用户连接。

● -w 或 --no-password：不发出口令提示。如果服务器要求口令认证并且没有其他方式提供口令（例如一个 .pgpass 文件），那么连接尝试将失败。这个选项对于批处理任务和脚本有用，因为在其执行期间没有用户输入口令。

● -W 或 --password：强制 pg_dump 命令在连接到一个数据库之前，提示输入一个口令。这个选项从来不是必需的，因为如果服务器要求口令认证，pg_dump 将自动提示要求一个口令。但是，pg_dump 将浪费一次连接尝试，来发现服务器想要一个口令。在某些情况下，可输入 -W 来避免额外的连接尝试。

● --role=rolename：这个选项将导致 pg_dump 命令在连接到数据库后发出一个 SET ROLE rolename 命令。当已认证用户（由 -U 指定）缺少 pg_dump 命令所需的特权，但能够切换到一个具有所需权利的角色时，这个选项很有用。pg_dump 命令用下面的参数项来指定导出哪些数据库对象及输出格式。

- -a 或 --data-only：仅导出数据而不导出模式（数据定义）。表数据、大对象和序列值都会被导出。

- -b 或 --blobs：在导出文件中包括大对象。这是当 -schema、-table 或 -schema-only 被指定时的默认行为，因此 -b 开关仅在将大对象添加到已请求的特定模式或表的导出文件中时有用。请注意，blob 被视为数据，因此仅在使用 -data-only 时才会包含，在使用 -schema-only 时不会包含。

- -B 或 -no-blobs：排除导出文件中的大对象。

- -c 或 -clean：这个选项只对纯文本格式有意义。在输出创建数据库对象的命令之前输出清除该数据库对象命令（如 DROP DATABASE 等）。

- -C 或 --create：在导出文件中包括创建数据库的命令。

- -E encoding 或 --encoding=encoding：以指定的字符集编码创建导出文件。在默认情况下，该导出文件会以所连接数据库的字符集编码创建（另一种得到相同结果的方式是将 PGCLIENTENCODING 环境变量设置成想要的导出编码）。

- -f file 或 --file=file：将输出发送到指定文件。如果没指定该参数项，则输出到标准输出。

- -F format 或 --format=format：选择输出的格式。format 可以是：

  - p：plain 的缩写，输出一个纯文本形式的 SQL 脚本文件（format 默认值）。

  - c：custom 的缩写，输出一个适合作为 pg_restore 输入的自定义格式归档文件。和目录输出格式一起，这是最灵活的输出格式，它允许在恢复数据库时手动选择和排序已归档的项。这种格式在默认情况下还会被压缩。

  - t：tar的缩写，输出一个适合输入到 pg_restore 中的 tar 格式归档。tar 格式可以兼容目录格式，抽取一个 tar 格式的归档会产生一个合法的目录格式归档。不过，tar 格式不支持压缩。还有，在使用 tar 格式时，表数据项的相对顺序不能在恢复过程中被更改。

➤ d：directory 的缩写，输出一个适合作为 pg_restore 输入的目录格式归档。这将创建一个目录，其中每个被导出的表和大对象都有一个文件，外加一个所谓的目录文件，该目录文件以一种 pg_restore 能读取的机器可读格式，描述被导出的对象。一个目录格式归档能用标准 UNIX 工具操作，例如一个未压缩归档中的文件可以使用 gzip 工具压缩。默认情况下，这种格式是被压缩的，并且也支持并行导出。

● -n schema 或 --schema=schema：只导出匹配 schema 的模式，即选择模式本身以及它所包含的所有对象。当没有指定这个选项时，目标数据库中所有非系统模式都将被导出。多个模式的选择可以通过书写多个 -n 开关来实现。另外，由于 schema 参数可以被解释为与 psql\d 命令用相同规则（见模式（Pattern））编写而成的一种模式，所以多个模式也可以通过在该模式中书写通配字符来选择。在使用通配符时，最好用引号进行界定，以防 shell 脚本对通配符进行扩展。

● -N schema 或 --exclude-schema=schema：不导出匹配 schema 模式的任何模式。-N 可以被指定多次来排除匹配几个模式中任意一个的模式。当 -n 和 -N 都被指定时，表示只导出匹配至少一个 -n 开关但是不匹配 -N 开关的模式。如果只有 -N 而没有 -n，那么匹配 -N 的模式会被从一个正常导出中排除。

● -o 或 --oids：导出对象标识符（OID）作为每个表数据的一部分。如果你的应用以某种方式引用 OID 列（例如在一个外键约束中），应使用这个选项，否则，这个选项不应该被使用。

● -O 或 --no-owner：这个选项只对纯文本格式有意义，用于指定不输出设置对象拥有关系来匹配原始数据库的命令。默认情况下，pg_dump 会发出 ALTER OWNER 或 SET SESSION AUTHORIZATION 语句来设置被创建的数据库对象的拥有关系，除非该脚本被一个超级用户（或是拥有脚本中所有对象的同一个用户）启动，这些语句都将会失败。要使一个脚本能够被任意用户恢复，需要把所有对象的拥有关系都给予这个用户，可指定 -O。

● -s 或 --schema-only：只导出对象定义（模式）而非数据。该参数项在备份表结构，或者在另一个数据库上创建相同结构的表时比较有用。

- -S username 或 --superuser=username：指定要在禁用触发器时使用的超级用户的用户名。只有使用 --disable-triggers 时，这个选项才相关（通常，最好省去这个选项，而以超级用户来启动结果脚本实现相同功能）。

- -t table 或 --table=table：只导出名字匹配 table 的表，"table" 还可以包括视图、物化视图、序列和外部表。通过写多个 -t 开关可以选择多个表。另外，由于 table 参数可以被解释为一种根据与 psql \d 命令所用相同规则（见模式（Pattern））编写的模式，所以多个表也可以通过在该模式中书写通配字符来选择。在使用通配符时，如果需要阻止 shell 展开通配符应该小心引用该模式。

- -T table 或 --exclude-table=table：不导出匹配 table 模式的任何表。该模式根据 -t 所用的相同规则来解释。-T 可以多次指定来排除所匹配的几个模式中的任意一个模式。当 -t 和 -T 都指定时，该行为是只导出匹配至少一个 -t 开关但是不匹配 -T 开关的表。如果只有 -T 而没有 -t，那么匹配 -T 的表会被从一个正常导出中排除。

- -v 或 --verbose：执行过程中打印详细的信息。这将导致 pg_dump 向标准错误输出详细的对象注释以及导出文件的开始 / 停止时间，以及进度消息。

- -V 或 --version：打印版本信息并退出。

8.3　pg_restore 命令

上一节介绍了使用 pg_dump 命令导出的自定义归档文件或 tar 文件，需要使用 pg_restore 命令配合进行数据恢复。下面介绍 pg_restore 命令的使用方法。

pg_restore 命令的语法如下。

```
pg_restore [connection-option…] [option...] [filename]
```

pg_restore 命令的连接参数项如下（与 pg_dump 连接参数项作用基本相同者，说明从略）。

- -h host 或 --host=host。

- -p port 或 --port=port。

- -U username 或 --username=username。

- -w 或 --no-password。

- -W 或 --password。

- --role=rolename。

- : -d dbname 或 --dbname=dbname：指定连接的数据库。

pg_restore 接受下列命令行参数。

- filename：指定要恢复的归档文件（对于一个目录格式的归档则是目录）的位置。如果没有指定，则使用标准输入。

- -a 或 --data-only：只恢复数据，不恢复模式（数据定义）。如果在归档文件中存在表数据、大对象和序列值会被恢复。

- -c 或 -clean：在重新创建数据库对象之前清除（丢弃）它们（除非使用了 -if-exists，如果有对象在目标数据库中不存在，则会生成一些无害的错误消息）。

- -C 或 --create：在恢复一个数据库之前先创建它。如果还指定了 --clean，则在连接到目标数据库之前，清除并重建它。在使用这个选项时，-d 指定的数据库只被用于发出初始的 DROP DATABASE 和 CREATE DATABASE 命令。所有要恢复到该数据库名中的数据都出现在归档中。

- -e 或 --exit-on-error：在发送 SQL 命令到该数据库期间，如果碰到一个错误，就退出。默认操作是继续恢复并且在恢复结束时，显示一个错误计数。

- -f filename 或 --file=filename：为生成的脚本或列表（当使用 -l 时），指定输出文件。默认是标准输出。

- -F format 或 --format=format：指定归档的格式。并不一定要指定该格式，因为 pg_restore 将会自动决定格式。如果指定归档的格式，可以是：

  - p： plain的缩写，指定输出一个纯文本形式的SQL脚本文件（默认值）。

  - c： custom的缩写，指定归档是pg_dump的自定义格式。

  - t： tar的缩写，指定归档是一个tar归档。

> ➤ d：directory的缩写，指定归档是一个目录归档。

● -I index 或 --index=index：只恢复提及的索引的定义。可以通过写多个 -I 开关指定多个索引。

● -j number-of-jobs 或 --jobs=number-of-jobs：使用并发任务运行 pg_restore 中最耗时的部分——载入数据、创建索引或者创建约束。对于一个多处理器服务器，这个选项能够大幅度减少恢复一个大型数据库的时间。每一个任务是一个进程或者一个线程，这取决于操作系统，它们都使用一个独立的服务器连接。这个选项的最佳值取决于服务器、客户端以及网络的硬件设置，因素包括 CPU 的核心数和磁盘设置。一个好的建议是使用服务器上 CPU 的核心数，但是，更大的值在很多情况下也能导致更短的恢复时间。当然，设置过大的值，会由于超负荷，反而导致性能降低。这个选项只支持自定义和目录归档格式。输入必须是一个常规文件或目录（例如，不能是一个管道）。当发出一个脚本，而不是直接连接到数据库服务器时会忽略这个选项。还有，多任务时不能和选项 --single-transaction 一起用。

● -l 或 --list：列出归档的内容的表。这个操作的输出能被用作 -L 选项的输入。注意，如果把 -n 或 -t 这样的过滤开关与 -l 一起使用，它们将会限制列出的项。

● -L list-file 或 --use-list=list-file：只恢复在 list-file 中列出的归档元素，并且按照它们出现在该文件中的顺序进行恢复。注意，如果把 -n 或 -t 这样的过滤开关与 -L 一起使用，它们将会进一步限制要恢复的项。list-file 通常是编辑一个 -l 操作的输出来创建。行可以被移动或者移除，并且也可以通过在行首放一个";"将其注释掉。

● -n schema 或 --schema=schema：只恢复被提及的模式中的对象。可以用多个 -n 开关来指定多个模式。这可以与 -t 选项组合在一起只恢复一个指定的表。

● -N schema 或 --exclude-schema=schema：不恢复命名模式中的对象。可以使用多个 -N 开关指定要排除的多个模式。当为同一个模式名同时设置 -n 和 -N 时，以 -N 开关指定的为准，排除它指定的模式。

- -O 或 --no-owner：不输出将对象的所有权设置为与原始数据库匹配的命令。默认情况下，pg_restore 会发出 ALTER OWNER 或者 SET SESSION AUTHORIZATION 语句，来设置已创建的模式对象的所有权。如果最初的数据库连接不是由超级用户（或者是拥有脚本中所有对象的同一个用户）发起的，那么这些语句将失败。通过设置 -O，任何用户名都可以被用于初始连接，并且这个用户将会拥有所有被创建的对象。

- -t table 或 --table=table：只恢复所提及的表的定义和数据。出于这个目的，"table" 包括视图、物化视图、序列和外部表。可以写多个 -t 开关来选择多个表。这个选项可以和 -n 选项结合在一起指定一个特定模式中的表。在指定 -t 时，pg_restore 不会尝试恢复所选表可能依赖的任何其他数据库对象。因此，无法确保能成功地把一个特定表恢复到一个干净的数据库中。

- -T trigger 或 --trigger=trigger：只恢复所提及的触发器。可以用多个 -T 开关指定多个触发器。

- -v 或 --verbose：指定冗长模式。

- -V 或 --version：打印版本信息并退出。

- -x 或 --no-privileges 或 --no-acl：阻止恢复访问特权（授予 / 收回命令）。

- --disable-triggers：只有在执行一个只恢复数据的恢复时，这个选项才相关。它指示 pg_restore，在导入数据时，执行命令临时禁用目标表上的触发器。如果目标表上有参照完整性检查，或者其他触发器，但你不希望在数据载入期间调用它们时，请使用这个选项。目前，只有超级用户可以发出带 --disable-triggers 的命令。因此你还应该用 -S 指定一个超级用户名，或者更好的方法是以 PostgreSQL 超级用户身份来运行 pg_restore。

- --if-exists：在清理数据库对象时使用条件命令（即增加一个 IF EXISTS 子句）。只有指定了 --clean 时，这个选项才有效。

- --no-data-for-failed-tables：默认情况下，即便表的创建命令失败（例如因为表已经存在），表数据也会被恢复，而指定此选项，则这类表的数据会被跳过。如果目标数据库已经包含了想要的表内容，这种操作很有用。例如，

PostgreSQL 扩展（如 PostGIS）的辅助表，可能已经被载入到目标数据库中，指定这个选项就能阻止把重复的或者废弃的数据载入到这些表中。只有当直接恢复到一个数据库中时这个选项才有效，在产生 SQL 脚本输出时这个选项不会产生效果。

- --no-tablespaces：不输出命令选择表空间。设置这个选项后，所有的对象都会被创建在恢复时的默认表空间中。

- -s 或 --schema-only：只恢复归档中的模式（数据定义）而不恢复数据。注意：不要把这个选项和 --schema 选项弄混，后者把词"schema"用于一种不同的含义。

- --enable-row-security：只在恢复具有行安全性的表的内容时，这个选项才相关。在默认情况下，pg_restore 将把 row_security 设置为 off，来确保所有数据都被恢复到表中。如果用户不具有足够绕过行安全性的特权，那么会抛出一个错误。设置此参数后，pg_restore 将把 row_security 将设置为 on，允许用户尝试恢复启用了行安全性的表的内容。如果用户没有从导出文件向表中插入行的权限，则操作仍将失败。注意，当前这个选项还要求导出文件处于 INSERT 模式，因为 COPY FROM 不支持行安全性。

- --use-set-session-authorization：输出 SQL 标准的SET SESSION AUTHORIZATION 命令取代 ALTER OWNER 命令来决定对象拥有权。 这会让导出文件更加兼容标准，但是此参数依赖于导出文件中对象的历史，可能无法正确恢复。

8.4 pg_dump 和 pg_restore 应用实例

假设有一个测试数据库 testdb，须导出为自定义格式，可用如下命令。

```
/pgsoft/pg14/bin/pg_dump -Fc testdb > testdb.dump
```

要删除 testdb 数据库，并且通过导出的 dump 文件重新创建它，可用如下命令。

```
--删除testdb数据库
dropdb testdb
--通过dump重建testdb数据库
```

```
pg_restore -C -d postgres testdb.dump
```

其中，-d 参数指定的数据库可以是任何已经存在于集簇中的数据库，pg_restore 根据 -d 参数发出 CREATE DATABASE testdb 命令。通过 -C，数据总是会被恢复到出现在归档文件的数据库名中。

要把导出的 dump 文件导入到一个新的数据库 newtestdb 中，可以用如下命令。

```
--创建newtestdb数据库
 Create database newtestdb;
--将testdb数据库导出的dump文件导入至newtestdb 数据库
 pg_restore -d newtestdb db.dump
```

注意：上述代码我们不使用 -C 参数创建数据库，而是直接连接要将 dump 文件数据恢复到其中的数据库。

要想把导出文件格式设置为脚本文件，可以使用如下命令。

```
/pgsoft/pg16/bin/pg_dump  -p 5432  -h 20.XX.XXX.144 -Fp testdb -U
testdb -W -v -n testdb -f /pgdb/testdb.sql
```

注意：以上命令将完成从地址为 20.XX.XXX.144 的机器上，将用户名为 testdb、数据库为 testdb、schema 为 testdb 的数据定义和数据均导出为脚本文件。

要想从 testdb 库中导出一个 tb_test 表的数据定义及数据，可以使用如下命令。

```
pg_dump -d testdb -t tb_test -f /pgdb/tb_test.sql
```

将 pg_dump 导出工具结合 shell 脚本以及定时任务，可以实现数据库日常的逻辑备份。下面以一个实际应用来说明。

（1）完成以 shell 脚本导出 testdb 数据库，保存在 /pgdb/backu.sh 中。

```
#!/bin/bash
#连接20.XX.XXX.144服务器，使用testdb用户将testdb数据库，导出为testdb归档
文件格式
/pgsoft/pg16/bin/pg_dump  -p 5432  -h 20.XX.XXX.144 -d testdb  -U
testdb -Fc -w -v -n public -b  -f /pgdb/testdb_`date +%Y%m%d`.dump
1> /pgdb/testdb_`date +%Y%m%d`.log 2>&1;
#清除10天归档文件
find /pgdb -mtime +10 -name '*.*' -exec rm -rf {} \;
```

（2）定时任务。设置每天凌晨 1 点自动备份 PostgreSQL 数据库 testdb。

```
--在操作系统命令行，使用如下命令进入定时任务界面
crontab -e
--编辑定时任务，每日凌晨1：00备份testdb库
0 1 * * * /bin/sh /pgdb/backup.sh
```

（3）改变权限，使脚本可执行。给 /pgdb/backu.sh 脚本文件加上可执行权限。没有修改权限的话，执行该脚本文件时会提示"权限不足"或者"没有执行权限"，无法正常运行。因此，如果不修改该脚本文件的权限，就无法通过脚本来进行 PostgreSQL 数据库的备份操作。

```
chmod +X  /pgdb/backu.sh
```

下面是一个应用实例，该实例中的脚本将完成先在 20.XX.XXX.145 服务器上新建 testdb 数据库；将 20.XX.XXX.144 服务器上的 testdb 数据库导出；将导出内容导入 20.XX.XXX.145 服务器上新建的 testdb 数据库。

（1）完成在 20.XX.XXX.145 服务器上新建数据库，并赋权限。

```
--使用postgres用户新建testdb数据库，并归属于testdb用户
create database testdb with owner 'testdb';
--使用testdb用户进入数据库testdb
psql -U testdb -d testdb
--创建schema为testdb
create schema testdb;
--数据库testdb权限给testdb用户
 grant all privileges on database testdb to testdb;
--将schema为testdb的使用权给testdb用户
grant usage on schema  testdb to testdb;
```

（2）在 20.XX.XXX.144 服务器上导出数据库 testdb 的数据定义及数据。

```
--导出数据库
/pgsoft/pg16/bin/pg_dump -h 20.XX.XXX.144  -p 5432   -Fp testdb -U
testdb -W -v -n testdb -f /pgdb/testdb.sql
--将备份归档文件远程传输到20.XX.XXX.145服务器/pgdb路径下
 scp /pgdb/testdb.sql postgres@20.XX.XXX.145:/pgdb
```

（3）在 20.XX.XXX.145 服务器上，通过 pg_restore 将 20.XX.XXX.144 服务器上

导出的 testdb 数据库导入到新建的 testdb 数据库里。

```
/pgsoft/pg16/bin/pg_restore  -p 5432 -Fc testdb -U testdb -W -v -n
testdb -f /pgdb/testdb.sql
```

📑 错误集锦

```
pg_dump:[archiver (db)]query failed:ERROR:permission denied for
relation tb_test
pg_dump:[archiver (db)]query was:LOCK TABLE tb_test IN ACCESS
SHARE MODE
```

这个错误提示表明在执行 pg_dump 命令时，尝试锁定表 tb_test 时发生了权限不足错误。这通常是由于当前使用的 PostgreSQL 数据库用户没有足够的权限来访问或操作该表造成的。

使用具有 superuser 权限的 PostgreSQL 账号可以解决这个问题。可以使用 postgres 账号执行 pg_dump 命令，在备份操作中使用 -U 参数指定该账号，例如：

```
pg_dump -U postgres -h <hostname><database-name>><backup-file>
```

在执行备份操作时，使用 postgres 账号可以避免因为权限不足而操作失败的情况。不过，如果安全设置允许的话，也可以给当前用户授予足够的表访问权限来解决问题。